室内设计
节点工艺构造手册
光环境 · 声环境 · 热环境

锦唐艺术　编著

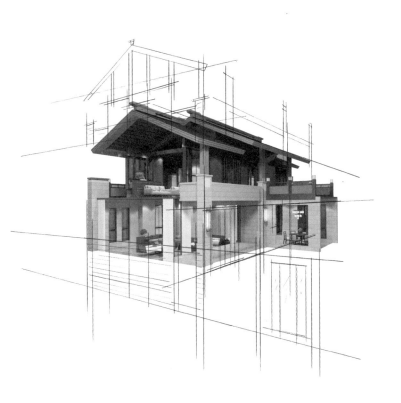

辽宁美术出版社

图书在版编目（ＣＩＰ）数据

室内设计节点工艺构造手册．光环境·声环境·热环境 / 锦唐艺术编著．—— 沈阳：辽宁美术出版社，2023.1

ISBN 978-7-5314-9199-6

Ⅰ．①室… Ⅱ．①锦… Ⅲ．①住宅－照明－室内装饰设计－手册②住宅－建筑热工－室内装饰设计－手册③住宅－室内声学－室内装饰设计－手册 Ⅳ．①TU241-62

中国版本图书馆CIP数据核字（2022）第100462号

出 版 者：辽宁美术出版社
地　　址：沈阳市和平区民族北街29号　邮编：110001
发 行 者：辽宁美术出版社
印 刷 者：北京军迪印刷有限责任公司
开　　本：889mm×1194mm　1/16
印　　张：15.5
字　　数：180千字
出版时间：2023年1月第1版
印刷时间：2023年1月第1次印刷
责任编辑：严赫
版式设计：理想·宅
封面设计：理想·宅
责任校对：郝刚
ISBN 978-7-5314-9199-6
定　　价：1980.00元（全六册）

邮购部电话：024-83833008
E-mail：lnmscbs@163.com
http://www.lnmscbs.cn
图书如有印装质量问题请与出版部联系调换
出版部电话：024-23835227

目 录 CONTENTS

光环境

声环境

1

顶棚灯光节点

为满足日常的照明需求，通常会在顶棚内设置吊灯、筒灯以及灯带这类灯具，不同的灯具起到了不同的功能，比如主要照明、重点照明、辅助照明等。不同灯具的安装方式也不同，例如吊灯，根据吊灯的重量不同其安装方式也不同。针对不同顶棚造型，其安装位置的节点构造也不同。本章主要针对吊灯、筒灯及灯带三种灯具类型在不同位置的节点进行详细地讲解。

1.1
吊灯的安装

▶▶ **轻型吊灯的安装**

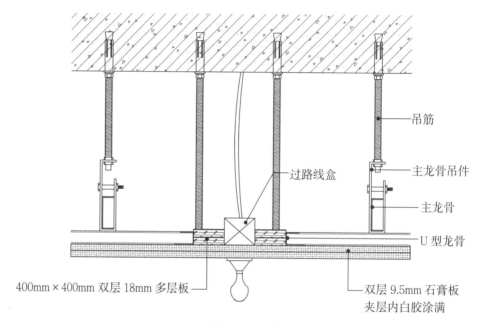

吊筋

主龙骨吊件

主龙骨

U 型龙骨

过路线盒

400mm × 400mm 双层 18mm 多层板

双层 9.5mm 石膏板
夹层内白胶涂满

轻型吊灯的安装节点图

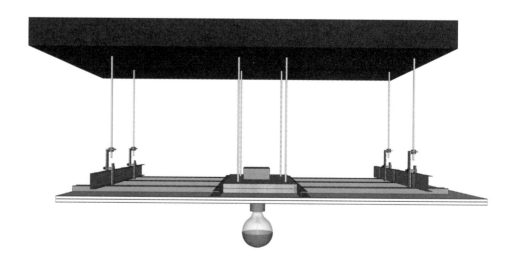

扫 / 码 / 观 / 看
"轻型吊灯的安装"三维
节点动图

轻型吊灯的安装三维示意图

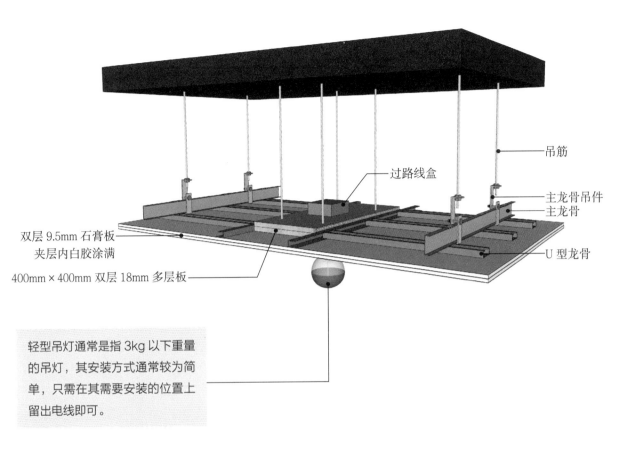

吊筋

过路线盒

主龙骨吊件
主龙骨

双层 9.5mm 石膏板
夹层内白胶涂满

U 型龙骨

400mm × 400mm 双层 18mm 多层板

轻型吊灯通常是指 3kg 以下重量
的吊灯，其安装方式通常较为简
单，只需在其需要安装的位置上
留出电线即可。

轻型吊灯的安装三维示意图解析

/ 按使用光源的常见灯具分类 /

灯具种类	配光控制	眩光控制	调光	适用场所
荧光灯灯具	难	容易	较难	适用于高度较低的公共及工业建筑场所
高强气体放电灯具	较易	较难	难	适用于高度较高的公共及工业建筑场所、户外场所
LED 灯具	较难	较难	容易	光效较高，色彩丰富，适用于有调光要求的场所；夜景照明，隧道、道路照明

工艺解析

第一步：顶棚放线

根据图纸的位置在顶棚及四周的墙面上弹基准线，并标记灯具、吊件的固定位置。

第二步：安装吊杆

采用膨胀螺栓固定吊杆、吊件。若是不上人的顶棚，吊杆长度 < 1000mm，可以采用 ϕ 6mm 的吊杆；> 1000mm，应采用 ϕ 8mm 的吊杆；> 1500mm 时还应在 ϕ 8mm 的吊杆基础上设置反向支撑。若是上人的顶棚，吊杆长度 < 1000mm，可以采用 ϕ 8mm 的吊杆；> 1000mm，应采用 ϕ 10mm 的吊杆，还应设置反向支撑。并且在灯具、风口及检修口等设备处应附加设置吊杆。

第三步：安装主龙骨

主龙骨应吊挂在吊杆上，并平行房间长向安装，主龙骨的间距通常为 900mm~1000mm。

第四步：安装多层板

在标记的灯具位置周围预设 400mm × 400mm 的 18mm 多层板。多层板采用自攻螺钉与边龙骨进行固定。在多层板中灯具的点位上留出过路线盒的位置。

第五步：固定边龙骨

围绕墙面基准线安装边龙骨，用十字沉头自攻螺丝固定边龙骨与墙面，固定边龙骨的自攻螺丝间应 ≥ 400mm。注意在多层板的两侧也要固定边龙骨。

第六步：固定次龙骨

固定次龙骨时需使用两颗抽芯铆钉固定，且次龙骨应与多层板的板面齐平。

第七步：安装石膏板

石膏板从顶棚的一端开始错缝安装，逐块排开，余量放在最后安装。安装时，螺丝要从板的中间开始向四周固定，石膏板边缘钉子的间距应为 150mm~170mm。

第八步：打孔

在灯具的位置处打孔，将线盒内的电源线穿出灯具底座，用线卡或尼龙扎带固定导线以避开灯泡发热区。

第九步：用螺丝固定好底座

第十步：安装灯泡

第十一步：测试灯泡

第十二步：安装灯罩

轻型吊灯一般造型都比较简单，通常被用
于餐厅或卧室空间中。

轻型吊灯的安装实景效果图

▶▶ **重型吊灯的安装**

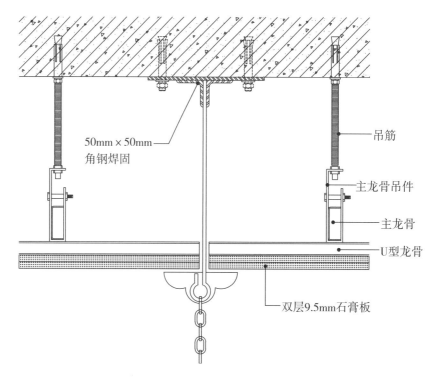

50mm×50mm
角钢焊固

吊筋

主龙骨吊件

主龙骨

U型龙骨

双层9.5mm石膏板

重型吊灯的安装节点图

扫 / 码 / 观 / 看
"重型吊灯的安装"三维
节点动图

重型吊灯的安装三维示意图

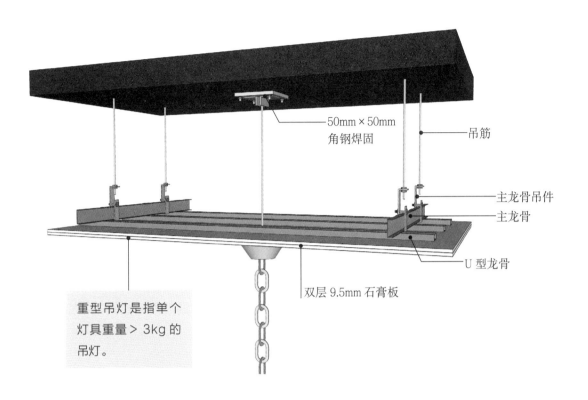

50mm×50mm
角钢焊固

吊筋

主龙骨吊件

主龙骨

U 型龙骨

双层 9.5mm 石膏板

重型吊灯是指单个
灯具重量 > 3kg 的
吊灯。

重型吊灯的安装三维示意图解析

/ 灯具的选用原则 /

① 光学特性
灯具有配光、眩光控制等光学特性，根据灯具的使用位置来考虑配光等方面的要求。

② 灯具的使用
综合考虑灯具的效率、初始投资以及长期运行的费用等。

③ 特殊环境
根据不同的使用空间，如家居空间，有爆炸危险的实验室，有灰尘、潮湿、化学腐蚀的环境等，其环境对防
护要求不同，灯具也不同。

④ 美观
根据空间的整体风格和造型，选择与其相呼应的灯具，营造和谐统一的视觉效果。

工艺解析

第一步：顶棚放线

根据图纸的位置在顶棚及四周的墙面上弹基准线，并标记灯具、吊件的固定位置。

第二步：安装吊杆

第三步：安装主龙骨

用 φ8mm 吊杆和配件固定 D50 的主龙骨。

第四步：固定镀锌钢板

通过化学锚栓将镀锌钢板固定在建筑楼板上。

第五步：焊接角钢

为在结构板地面预设挂钩，用角钢通过焊接的方式将圆钢与镀锌钢板进行固定。根据拟设灯具的重量来确定挂钩承载率，重量超过重型吊灯（＞8kg）的灯具以及有震动的电扇等，需要自行吊挂，不能与顶棚发生受力关系。

第六步：固定边龙骨

注意在预留的灯具点位附近也要固定边龙骨。

第七步·固定次龙骨

第八步：安装石膏板

第九步：安装灯泡

第十步：测试灯泡

第十一步：安装灯罩

重型吊灯一般都较为复杂，通常适用于欧式或中式风格中，而且适合使用在客厅空间中，让室内的空间层次感变得更加丰富。

重型吊灯的安装实景效果图

1.2
嵌装筒灯的顶棚

▶▶ 平顶嵌装筒灯

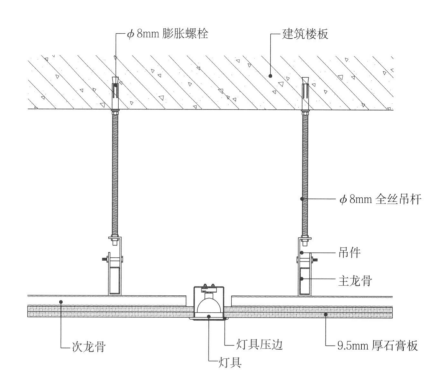

平顶嵌装筒灯节点图

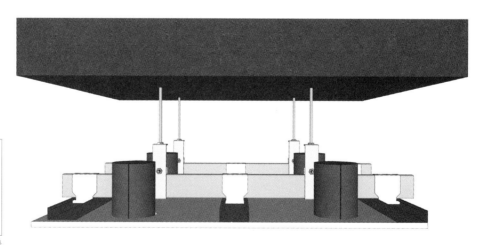

扫 / 码 / 观 / 看
"平顶嵌装筒灯"三维节
点动图

平顶嵌装筒灯三维示意图

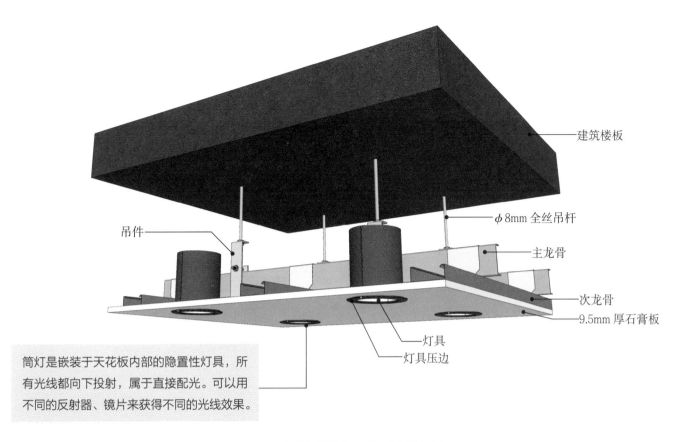

建筑楼板

ϕ8mm 全丝吊杆

吊件

主龙骨

次龙骨

9.5mm 厚石膏板

灯具

灯具压边

筒灯是嵌装于天花板内部的隐置性灯具，所有光线都向下投射，属于直接配光。可以用不同的反射器、镜片来获得不同的光线效果。

平顶嵌装筒灯三维示意图解析

工艺解析

根据图纸在顶棚上画线并准确开孔，孔径不可过大，避免后期遮挡困难的情况。

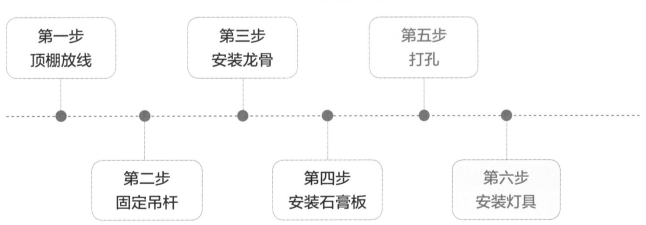

第一步
顶棚放线

第三步
安装龙骨

第五步
打孔

第二步
固定吊杆

第四步
安装石膏板

第六步
安装灯具

筒灯与射灯的安装方式相同，重量＜1kg 的筒灯、射灯，可直接安装在石膏板或者其他饰面板上；重量＜3kg 的必须安装在次龙骨上，且主龙骨的排布应与灯具的位置错开，不应切断主龙骨。若必须切断主龙骨，应做加强或其他补救措施。

在家居空间中筒灯最常用于在天花板的周边做点缀或在过道中做主灯，在公共空间中用于墙体周边或者做成"满天星"的密集造型。

平顶嵌装筒灯实景效果图

▶▶ 格栅内嵌装筒灯

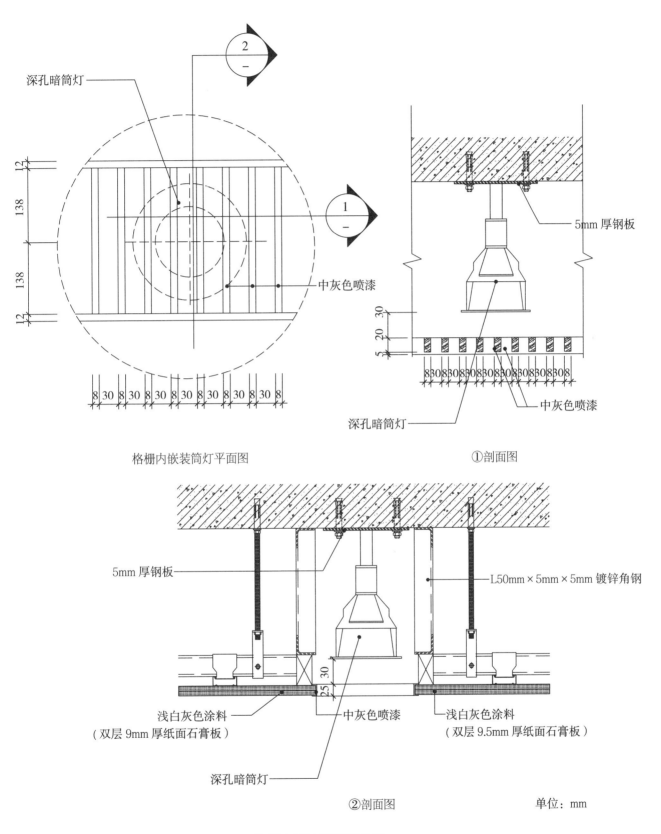

深孔暗筒灯

中灰色喷漆

5mm 厚钢板

深孔暗筒灯

中灰色喷漆

格栅内嵌装筒灯平面图

①剖面图

5mm 厚钢板

L50mm×5mm×5mm 镀锌角钢

浅白灰色涂料
（双层 9mm 厚纸面石膏板）

中灰色喷漆

浅白灰色涂料
（双层 9.5mm 厚纸面石膏板）

深孔暗筒灯

②剖面图

单位：mm

格栅内嵌装筒灯节点图

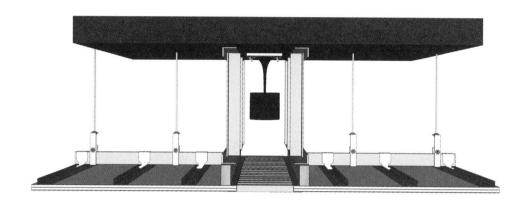

扫 / 码 / 观 / 看
"格栅内嵌装筒灯"三维
节点动图

格栅内嵌装筒灯三维示意图

目前家居空间中更多会选择 LED 筒灯，常
见的尺寸有 2.5 寸、3 寸、4 寸、5 寸、6 寸、
7 寸、8 寸、9 寸、10 寸、12 寸这几种。

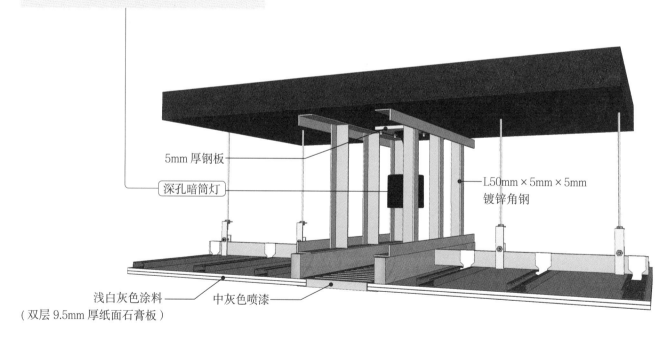

5mm 厚钢板

深孔暗筒灯

L50mm×5mm×5mm
镀锌角钢

浅白灰色涂料

中灰色喷漆

（双层 9.5mm 厚纸面石膏板）

格栅内嵌装筒灯三维示意图解析

/ 筒灯的开孔尺寸 /

灯具直径 /mm	开孔尺寸 /mm
ϕ 125	ϕ 100
ϕ 150	ϕ 125
ϕ 175	ϕ 150

工艺解析

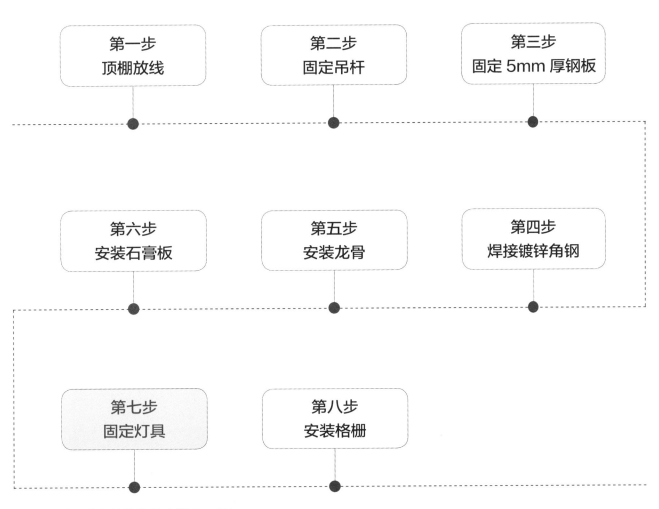

将导线上的绝缘胶布撕开，并与筒灯相连接。完成后，开关筒灯，测试其是否正常工作。

嵌装筒灯在格栅内所透出来的光
是柔和而又不刺眼的，能起到辅
助光源的作用。

格栅内嵌装筒灯实景效果图

1.3
透光软膜顶棚

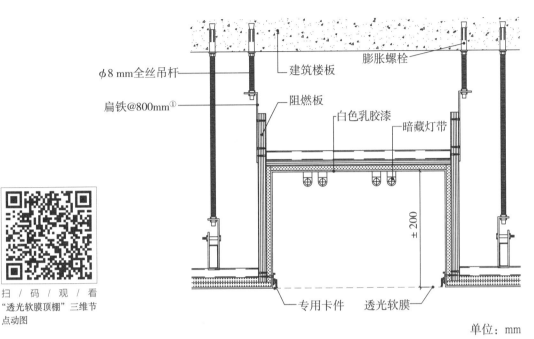

φ8 mm全丝吊杆

扁铁@800mm①

膨胀螺栓

建筑楼板

阻燃板

白色乳胶漆

暗藏灯带

± 200

专用卡件

透光软膜

单位：mm

透光软膜顶棚节点图

扫 / 码 / 观 / 看
"透光软膜顶棚"三维节
点动图

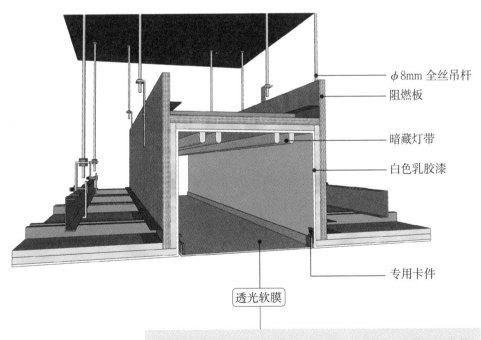

φ8mm 全丝吊杆

阻燃板

暗藏灯带

白色乳胶漆

专用卡件

透光软膜

透光软膜可以配合不同的灯光系统，来展现出多样的灯光效果，比其他的材料更加具有多变性。在选择时可以根据防火需求来选择，A级防火透光软膜防火级别高，可用于任何场所；B级则只能小面积用于一般场所。

注：① @ 是指间距，@800mm 的
意思是其构件的间距为 800mm。

透光软膜顶棚三维示意图解析

工艺解析

第一步：定高度、弹线

确定标高及透光软膜的位置。

第二步：安装吊杆

用膨胀螺栓将吊杆与楼板相固定。

第三步：安装基层板

第四步：安装灯带

将所需灯带长度提前测量好，整段截取，然后将其均匀地用自攻螺丝固定在基层板上，灯带之间的距离应≤灯带与软膜之间的距离，保证亮度。灯带的电线应与变压器相连。

第五步：安装变压器

在透光软膜的附近（＜10m的位置）设置方便检修的检修口，变压器和控制器也在其中。

第六步：安装铝合金龙骨

在弹好的透光软膜边缘位置固定铝合金龙骨。

第七步：安装软膜

先将软膜打开，用专用的加热风炮充分均匀地加热，然后用专用的插刀把软膜紧插到铝合金龙骨上，最后把周围多出来的软膜修剪完整即可。

第八步：清理软膜

安装后，用干净毛巾把软膜清洁干净。在与纸面石膏板相接处用不锈钢或其他相似材质进行收口。

透光软膜扩散了灯带的光线，在
视觉上模糊了灯源，即使人面对
灯光也不会产生眩光。

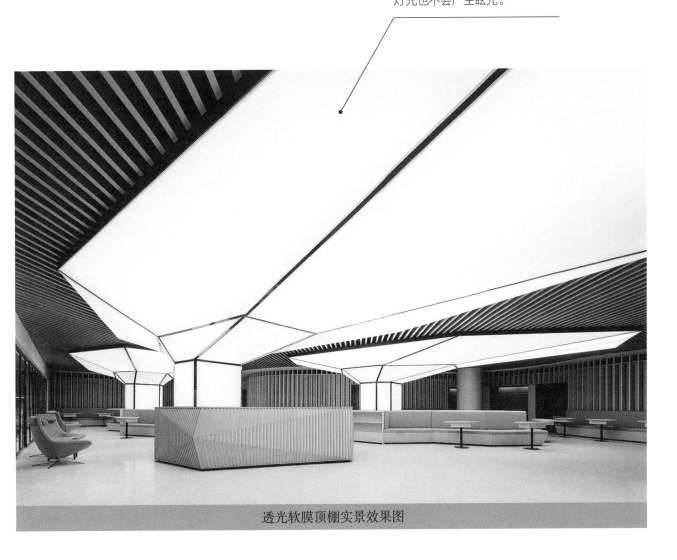

透光软膜顶棚实景效果图

1.4
透光云石灯箱

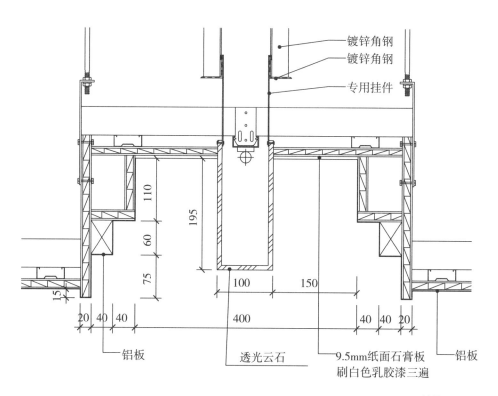

镀锌角钢
镀锌角钢
专用挂件

110
195
60
75
15
100
150
20 40 40
400
40 40 20

铝板
透光云石
9.5mm纸面石膏板
刷白色乳胶漆三遍
铝板

透光云石灯箱节点图

单位：mm

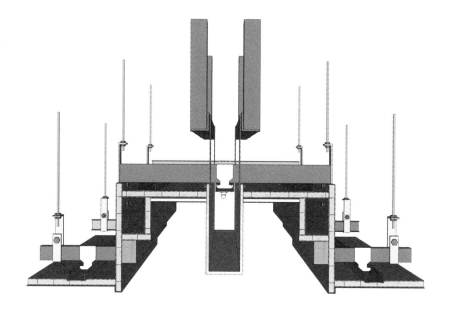

透光云石灯箱三维示意图

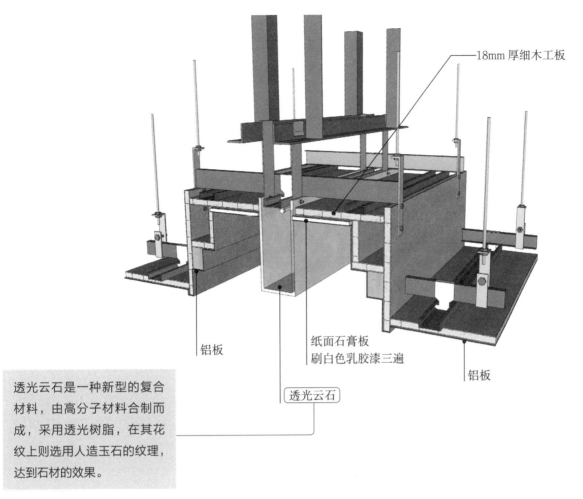

18mm 厚细木工板

铝板

纸面石膏板
刷白色乳胶漆三遍

透光云石

铝板

透光云石是一种新型的复合
材料，由高分子材料合制而
成，采用透光树脂，在其花
纹上则选用人造玉石的纹理，
达到石材的效果。

透光云石灯箱三维示意图解析

/ 常见的透光云石的种类 /

高透光云石

低透光云石

石材的纹理清晰，耗光
少，适用于商业空间当中

价格经济实惠，能够营
造浪漫、朦胧的装饰效
果，适用于具有氛围感
的民宿或酒店空间中

工艺解析

第一步：顶棚放线

在顶棚上放线标记出透光云石灯箱的位置。

第二步：固定镀锌钢板

用膨胀螺栓在透光云石的位置上固定镀锌钢板。

第三步：焊接镀锌角钢

围绕着镀锌角钢板在其两侧的位置焊接镀锌角钢，并在横向上加固镀锌角钢。

第四步：固定吊杆

第五步：安装主龙骨

除了吊件的位置外，还需在透光云石位置处安装一段龙骨，为透光云石灯箱起到支撑的作用。

第六步：固定挂件

将透光云石的专用挂件采取挂钩的方式与横向的镀锌角钢进行固定。

第七步：安装次龙骨

在透光云石的两侧与主龙骨呈垂直的方向上安装两个次龙骨，并在灯箱中间即灯具的安装位置上安装次龙骨。

第八步：固定灯具

第九步：安装透光云石

第十步：安装石膏板

第十一步：完成接缝

透光云石可以做灯箱，达到大气、华丽的装饰效果。

透光云石灯箱实景效果图

平顶灯带

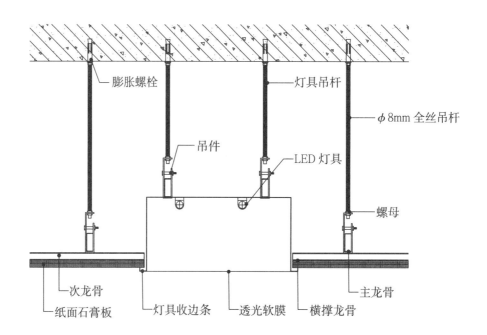

膨胀螺栓

灯具吊杆

φ8mm 全丝吊杆

吊件

LED 灯具

螺母

次龙骨

灯具收边条

透光软膜

横撑龙骨

主龙骨

纸面石膏板

平顶灯带节点图

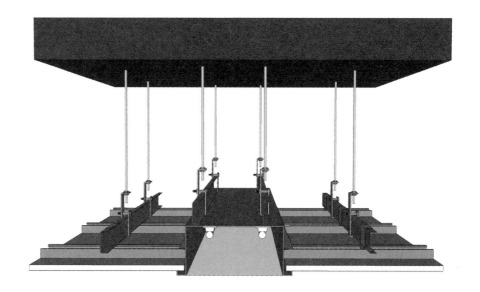

平顶灯带三维示意图

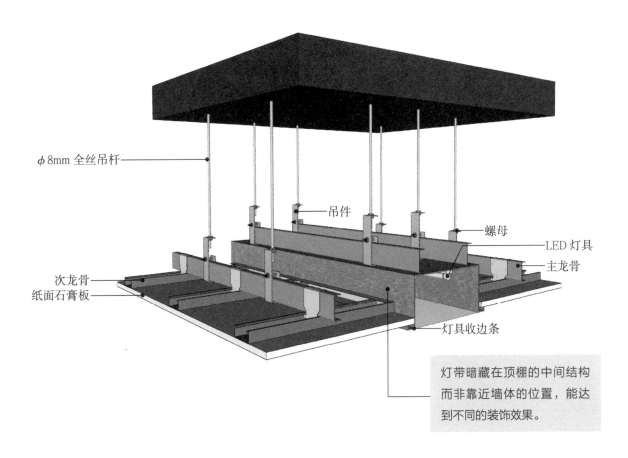

φ8mm 全丝吊杆

吊件

螺母

LED 灯具

主龙骨

次龙骨

纸面石膏板

灯具收边条

灯带暗藏在顶棚的中间结构而非靠近墙体的位置，能达到不同的装饰效果。

平顶灯带三维示意图解析

/ 常见的 LED 灯带类型 /

柔性 LED 灯带

特点：柔性LED灯带是用FPC做的组装线路板，再用贴片的LED进行组装而成的。柔性LED灯带厚度薄、不占空间，可以随意进行剪断或延长，也可以随意地弯曲、折叠或卷绕，适用于任何的图案和文字

LED 硬条灯

特点：硬条灯是用PCB硬板做组装线路板，再用能够贴片的LED进行组装，或者直插LED进行组装的。硬条灯容易固定，加工方便，安装也十分简便，但是不能随意弯曲

工艺解析

第一步：顶棚放线

根据图纸上灯带的位置在顶棚上弹线，并标记吊件需要的固定位置。

第二步：墙面弹线

根据顶棚的设计高度在四周的墙面上弹水平线。

第三步：打眼

根据顶面上吊筋的位置进行打眼。

第四步：安装吊杆

吊杆应不低于 3cm×5cm 龙骨，间距为 300mm，必须使用 1mm×8mm 膨胀螺栓固定，用量约为 1m² 一个。钢膨胀应尽量打在预制板板缝内，膨胀螺栓螺母应与木龙骨压紧。

第五步：安装主龙骨

第六步：安装次龙骨

第七步：拉线

检查吊顶整面的水平度是否符合要求。拉通线检查不超过 3mm，两米靠尺检查不超过 2mm，板缝接口处的高低差不超过 1mm。

第八步：检查主、次龙骨

第九步：安装灯具

第十步：安装石膏板

将石膏板弹线分块，从吊顶的阴角处开始安装，将石膏板顶在两侧的墙体中，将磷化处理后的自攻螺丝固定在龙骨骨架上，之后依次排列并安装石膏板进行封板。注意安装石膏板时，相邻板之间应留 3mm 缝隙。

灯带可以做辅助光源，以补充照明光线较暗的区域，例如玄关柜等位置，方便人们拿取物品。

平顶灯带实景效果图

1.6
跌级内暗藏灯带的顶棚

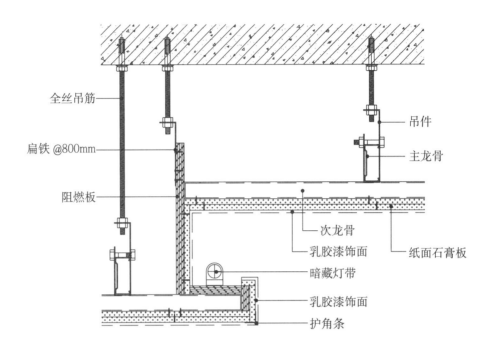

全丝吊筋

扁铁 @800mm

阻燃板

吊件

主龙骨

次龙骨

乳胶漆饰面

纸面石膏板

暗藏灯带

乳胶漆饰面

护角条

跌级内暗藏灯带的顶棚节点图

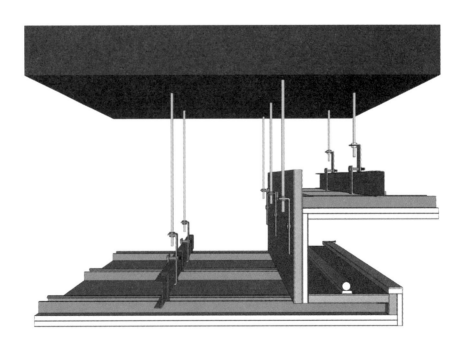

扫 / 码 / 观 / 看
"跌级内暗藏灯带的顶棚"
三维节点动图

跌级内暗藏灯带的顶棚三维示意图

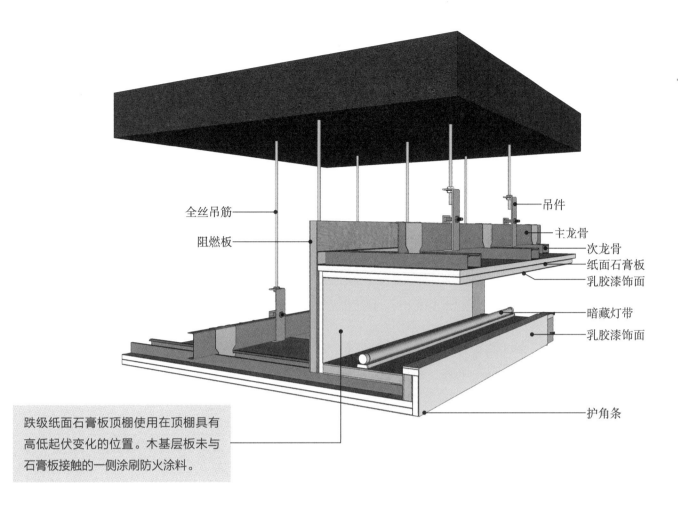

全丝吊筋
阻燃板
吊件
主龙骨
次龙骨
纸面石膏板
乳胶漆饰面
暗藏灯带
乳胶漆饰面
护角条

跌级纸面石膏板顶棚使用在顶棚具有高低起伏变化的位置。木基层板未与石膏板接触的一侧涂刷防火涂料。

跌级内暗藏灯带的顶棚三维示意图解析

/ 灯带的挑选小技巧 /

① 看颜色

灯带的颜色丰富，可以说是什么颜色都有，在选择时要注意应用场景，若是使用在家居空间时，可以选择黄色暖色系灯带；若是商店、饭店等商业空间，则可以使用一些彩色系的灯带做装饰。

② 选择灯带的珠数

市面上常见的灯带珠数有 36 和 108 两种，灯带珠数越多，灯带就会越亮，可以根据灯带的功能区选择珠数，若是灯带要起照明作用，就选择珠数较多的灯带；若只起装饰作用，就选择珠数较少的灯带。

③ 选择灯带的形状

灯带的形状分为圆柱形和方形两种，方形的灯带更加容易固定，常见于室内空间中；圆柱形灯带则灯光效果最好，适合拉扯布置，常见于室外空间中。

工艺解析

第一步：定高度、弹线

根据室内四周墙面，弹好水平控制线，要求弹线清晰、准确，误差应不大于 2mm。

第二步：安装吊杆

第三步：安装龙骨

主龙骨与主龙骨之间的间距为 800mm，主龙骨两端距墙面悬空均不超过 300mm。边龙骨采用专用边角龙骨，不可采用次龙骨代替。安装边龙骨前应先在墙面弹线，确定位置，准确固定。次龙骨之间间距为 400mm。次龙骨、边龙骨之间连接均采用拉铆钉固定。顶棚长度大于通长龙骨长度时，龙骨应采用龙骨连接件对接固定。全面校对主、次龙骨的位置与水平，主、次龙骨卡槽无虚卡现象，卡合紧密。

第四步：封板

石膏板从顶棚的一端开始错缝安装，逐块排开，余量放在最后安装。安装时，螺丝要从板的中间开始向四周固定，石膏板边缘钉子的间距应为 150mm~170mm。

第五步：涂刷乳胶漆

根据施工图纸的标识对石膏板进行缝隙及基面处理后再涂刷乳胶漆或者安装其他饰面材料。

第六步：安装灯带

将所需灯带长度提前测量好，整段截取，然后将其均匀地用自攻螺丝固定在基层板上，灯带的电线应与变压器相连。

暗藏灯带的跌级顶棚其灯带的光通过顶棚反射后照亮空间，能够避免光源直射人眼，并且光照十分均匀。这种顶棚形式通常被运用在客厅、卧室这类空间中。

跌级内暗藏灯带的顶棚实景效果图

1.7
带石膏线条暗藏灯带的顶棚

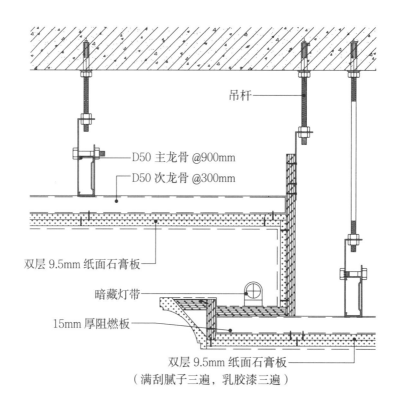

吊杆

D50 主龙骨 @900mm

D50 次龙骨 @300mm

双层 9.5mm 纸面石膏板

暗藏灯带

15mm 厚阻燃板

双层 9.5mm 纸面石膏板
（满刮腻子三遍，乳胶漆三遍）

带石膏线条暗藏灯带的顶棚节点图

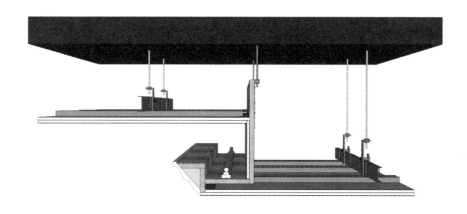

扫 / 码 / 观 / 看
"带石膏线条暗藏灯带的
顶棚"三维节点动图

带石膏线条暗藏灯带的顶棚三维示意图

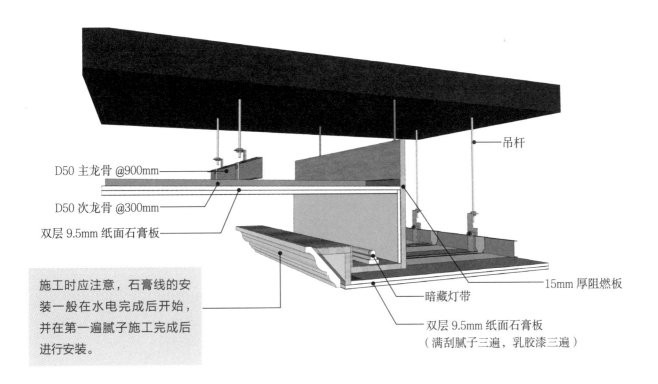

D50 主龙骨 @900mm

D50 次龙骨 @300mm

双层 9.5mm 纸面石膏板

吊杆

15mm 厚阻燃板

暗藏灯带

双层 9.5mm 纸面石膏板
（满刮腻子三遍，乳胶漆三遍）

施工时应注意，石膏线的安装一般在水电完成后开始，并在第一遍腻子施工完成后进行安装。

带石膏线条暗藏灯带的顶棚三维示意图解析

/ 常见的石膏线种类 /

竖线

竖线是室内最常用的线条，造型简单，适用于除极简外所有风格当中。常见的尺寸为80mm、100mm、120mm、130mm、150mm等

凤尾线

凤尾线造型较为复杂，通常被用于偏欧式风格的空间内，常见尺寸为80mm及120mm

长城线条

长城线条在大部分室内空间中都适用，常见尺寸为80mm及100mm

荷花线

荷花线很复杂，使用率较高，在自建房中更为普遍，常见尺寸为80mm及100mm

对称弧线

造型简单，在前些年更为流行，近几年用得不多，但适用于所有的装饰风格，常见尺寸为80mm及100mm

龙眼线条

造型独特，一般被用于欧式风格当中，其他情况下不经常用到，常见尺寸为100mm

虎头线

造型更为复杂，在公装中使用较多，一般被用于网吧等场所，常见尺寸为120mm

S型阴角线

造型简单，适用于任何空间中，通常被用于阴角的位置，常见尺寸为800mm、100mm及120mm

收口平线条

专门用于灯带等位置的收边处，还可以拼接造型，常见尺寸较多，如35mm、40mm、50mm等

角花型线条

角花型有简单的，有复杂的，通常被用于客厅或者卧室的顶棚或者墙面中，尺寸较多，可根据面积自由选择

灯盘型线条

灯盘型线条通常与灯具结合，通常被用于欧式或者法式风格的空间中，尺寸根据灯具的大小进行选择

工艺解析

第一步：弹线

根据图纸在顶棚和四周墙面上弹线，要求弹线清晰。

第二步：固定吊杆

使用膨胀螺栓将吊杆与楼板进行固定，固定前确定好吊杆的长度，在跌级的位置其吊杆长度不同。

第三步：安装主龙骨

采用 D50 的轻钢龙骨做主龙骨，其间距为 900mm。

第四步：安装次龙骨

采用 D50 的轻钢龙骨做次龙骨，其间距为 300mm。

第五步：安装边龙骨

第六步：安装侧板

采用 15mm 厚的细木工板做侧板，安装前需涂刷防火涂料三遍，与吊件间采用自攻螺丝进行固定。

第七步：安装石膏板

安装双层 9.5mm 厚的纸面石膏板，用自攻螺丝将其与龙骨固定。

第八步：安装灯带

将所需灯带长度提前测量好，整段截取，然后将其均匀地用自攻螺丝固定在基层板上。

第九步：涂刷石膏胶黏剂

均匀地涂刷石膏胶黏剂，同时要快刷，避免胶黏剂过早干掉。

第十步：固定成品石膏线

施工时要做到快粘快调整，边固定边调整，调整好后在最短的时间内把该补的地方补到位，该清理的地方清理到位，然后用清水清扫干净，保证装饰面的干净整洁。

石膏线的宽度可以参考室内的面积来定，面积大的空间可以搭配宽一些、造型相对复杂的石膏线；面积小的则采用窄一些、款式简洁的石膏线，既能彰显层次感，又不会突兀。

带石膏线条暗藏灯带的顶棚实景效果图

1.8
带弧形石膏线条暗藏灯带的顶棚

▶▶ 带弧形石膏线条暗藏灯带的顶棚（曲面半径＜300mm）

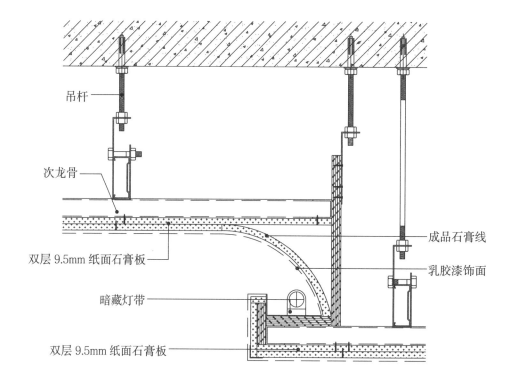

吊杆

次龙骨

双层 9.5mm 纸面石膏板

暗藏灯带

双层 9.5mm 纸面石膏板

成品石膏线

乳胶漆饰面

带弧形石膏线条暗藏灯带的顶棚（曲面半径＜300mm）节点图

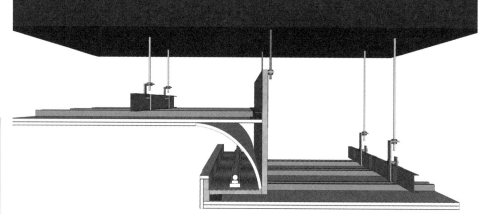

扫 / 码 / 观 / 看
"带弧形石膏线条暗藏
灯带的顶棚（曲面半径
＜300mm）"三维节点动图

带弧形石膏线条暗藏灯带的顶棚（曲面半径＜300mm）三维示意图

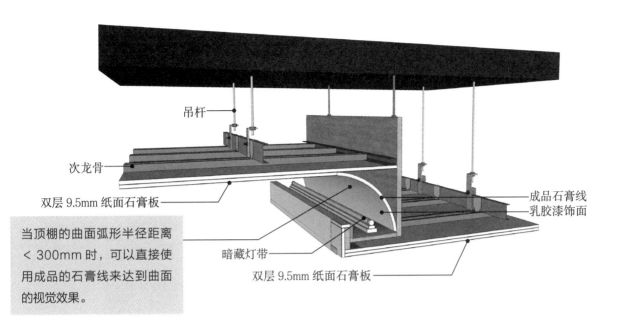

吊杆

次龙骨

双层 9.5mm 纸面石膏板

成品石膏线
乳胶漆饰面

暗藏灯带

双层 9.5mm 纸面石膏板

当顶棚的曲面弧形半径距离
< 300mm 时，可以直接使
用成品的石膏线来达到曲面
的视觉效果。

带弧形石膏线条暗藏灯带的顶棚（曲面半径 < 300mm）三维示意图解析

工艺解析

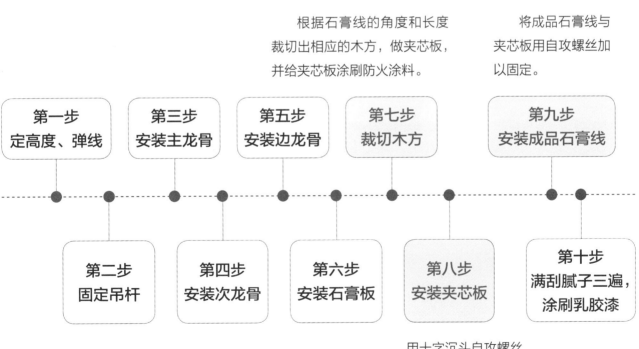

根据石膏线的角度和长度
裁切出相应的木方，做夹芯板，
并给夹芯板涂刷防火涂料。

将成品石膏线与
夹芯板用自攻螺丝加
以固定。

| 第一步 定高度、弹线 | 第三步 安装主龙骨 | 第五步 安装边龙骨 | 第七步 裁切木方 | 第九步 安装成品石膏线 |

| 第二步 固定吊杆 | 第四步 安装次龙骨 | 第六步 安装石膏板 | 第八步 安装夹芯板 | 第十步 满刮腻子三遍，涂刷乳胶漆 |

用十字沉头自攻螺丝
将夹芯板分别与墙面、顶
面相固定。

曲面半径较小的弧形石膏线条可以围绕室内空间一圈，做弧形顶的感觉。

带弧形石膏线条暗藏灯带的顶棚（曲面半径＜300mm）实景效果图

▶▶ 带弧形石膏线条暗藏灯带的顶棚（300mm ＜曲面半径＜ 1000mm）

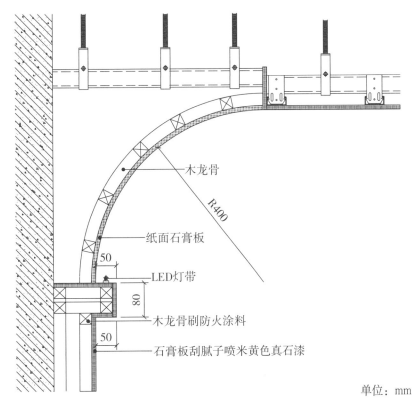

木龙骨

R400

纸面石膏板

LED灯带

木龙骨刷防火涂料

石膏板刮腻子喷米黄色真石漆

50

80

50

单位：mm

带弧形石膏线条暗藏灯带的顶棚（300mm ＜曲面半径＜ 1000mm）节点图

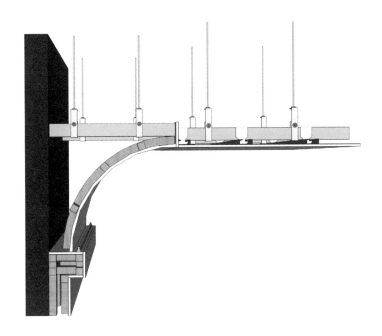

带弧形石膏线条暗藏灯带的顶棚（300mm ＜曲面半径＜ 1000mm）三维示意图

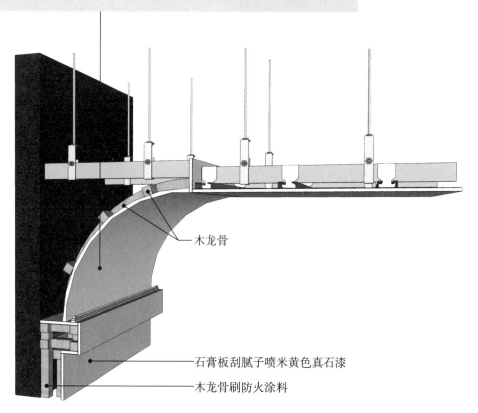

当顶棚的曲面弧形半径较大时，一般会采用 GRG 石膏板进行定制，得到成品后现场安装。GRG 石膏板的造型效果好，还可以做出更加复杂的造型。

木龙骨

石膏板刮腻子喷米黄色真石漆

木龙骨刷防火涂料

带弧形石膏线条暗藏灯带的顶棚（300mm ＜曲面半径＜ 1000mm）三维示意图解析

/GRG 石膏板现场安装的检查要点 /

① 检查厚度

GRG 石膏板所做的成品厚度与设计要求相关，因此在现场安装前必须要检查其 GRG 石膏板的厚度。不要看法兰边的厚度，要检查 4 个预埋件对角交叉区域，用钻小孔的方式进行检查。

② 检查强度

在送货到现场时，用指甲划板材，划痕很明显的属于造假产品，有轻微划痕的属于中等品质，无划痕的则证明产品品质较高。

③ 检查预埋点

检查预埋点位置的准确性，以及预埋件生锈的情况，而预埋点位置的检查需要根据厂家或者施工图纸的内容进行测量。除了检查预埋件生锈的情况，还要看板材正反面有无锈斑出现。

工艺解析

第一步：定高度、弹线

第二步：固定吊杆

第三步：固定龙骨

先将主龙骨与吊杆进行固定，主龙骨采用直的轻钢龙骨，再根据设计图纸中的造型来确定龙骨的位置。

第四步：切割基层板

第五步：固定基层板

第六步：曲面定型

第七步：固定造型基层

根据石膏线的角度和长度裁切出相应的木方，做夹芯板，并给夹芯板涂刷防火涂料。

第八步：安装石膏板

用十字沉头自攻螺丝把夹芯板分别与墙面、顶面相固定。

第九步：满刮腻子三遍，涂刷乳胶漆

GRG 石膏板的可塑性让顶棚、墙面以曲面的形式相接，给人以震撼的视觉效果。

带弧形石膏线条暗藏灯带的顶棚（300mm ＜曲面半径＜ 1000mm）实景效果图

1.9
出风口暗藏灯带的顶棚

▶▶ **侧出风口暗藏灯带的顶棚**

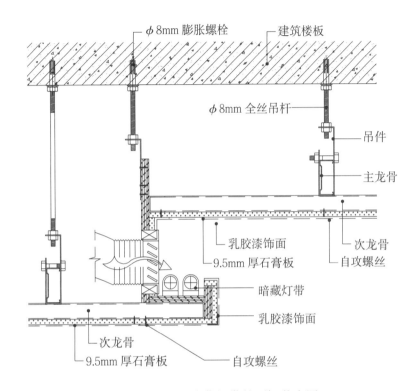

侧出风口暗藏灯带的顶棚节点图

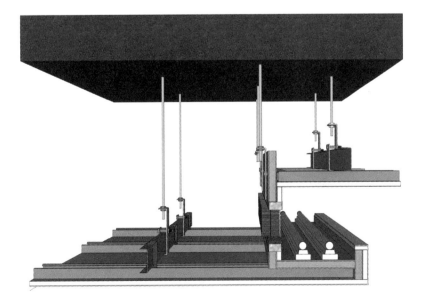

侧出风口暗藏灯带的顶棚三维示意图

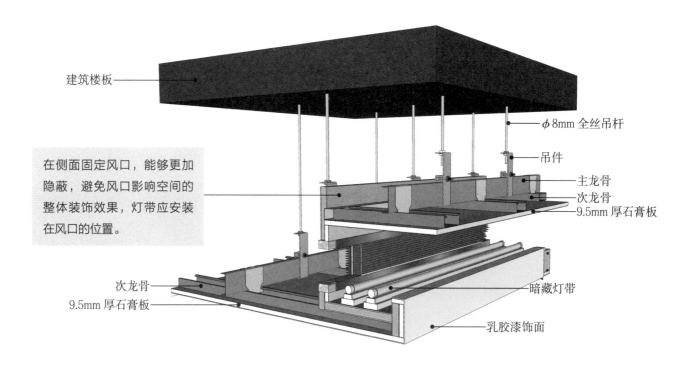

建筑楼板

在侧面固定风口，能够更加隐蔽，避免风口影响空间的整体装饰效果，灯带应安装在风口的位置。

φ8mm 全丝吊杆

吊件

主龙骨

次龙骨

9.5mm 厚石膏板

次龙骨

9.5mm 厚石膏板

暗藏灯带

乳胶漆饰面

侧出风口暗藏灯带的顶棚三维示意图解析

工艺解析

出风口侧面板要与顶棚的整面材料一致，在侧面的接缝处，应留 4mm~6mm，再用石膏嵌缝膏加乳胶漆拌制成的嵌缝材料进行填实，等其凝固后可达到石膏板的强度，且具有一定的弹性，不会出现收缩裂缝的问题。

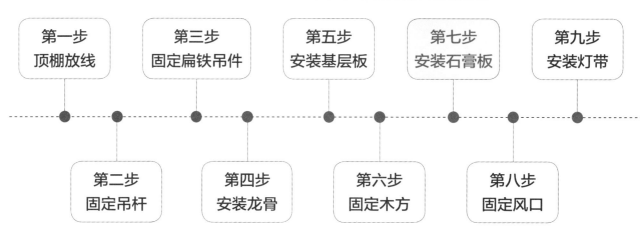

第一步
顶棚放线

第二步
固定吊杆

第三步
固定扁铁吊件

第四步
安装龙骨

第五步
安装基层板

第六步
固定木方

第七步
安装石膏板

第八步
固定风口

第九步
安装灯带

侧面的灯带除了对整体空间进行照明外，还能够在清理风口的时候起到照明的作用。

侧出风口暗藏灯带的顶棚实景效果图

▶▶ **下出风口暗藏灯带的顶棚**

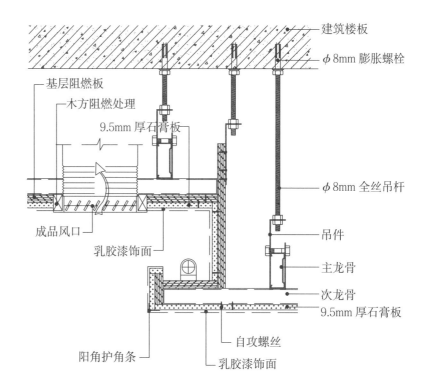

建筑楼板

ϕ8mm 膨胀螺栓

基层阻燃板

木方阻燃处理

9.5mm 厚石膏板

ϕ8mm 全丝吊杆

成品风口

乳胶漆饰面

吊件

主龙骨

次龙骨

9.5mm 厚石膏板

阳角护角条

自攻螺丝

乳胶漆饰面

下出风口暗藏灯带的顶棚节点图

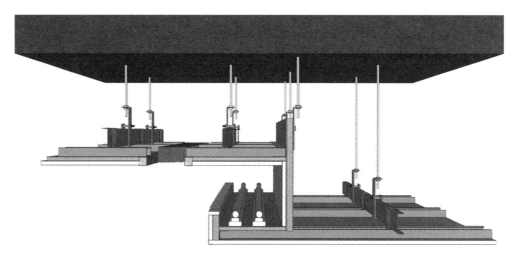

扫 / 码 / 观 / 看
"下出风口暗藏灯带的顶
棚"三维节点动图

下出风口暗藏灯带的顶棚三维示意图

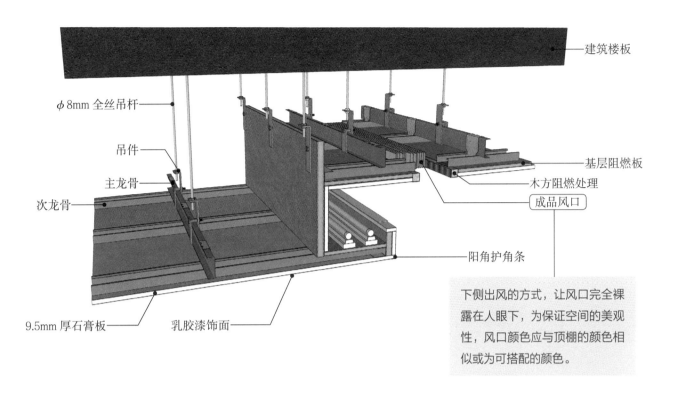

建筑楼板

φ8mm 全丝吊杆

吊件

主龙骨

次龙骨

基层阻燃板

木方阻燃处理

成品风口

阳角护角条

9.5mm 厚石膏板

乳胶漆饰面

下侧出风的方式，让风口完全裸露在人眼下，为保证空间的美观性，风口颜色应与顶棚的颜色相似或为可搭配的颜色。

下出风口暗藏灯带的顶棚三维示意图解析

工艺解析

扁铁起到跌级部分的支撑作用。

第一步 顶棚放线	第三步 固定扁铁吊件	第五步 安装基层板	第七步 安装石膏板	第九步 安装灯带

第二步 固定吊杆	第四步 安装龙骨	第六步 固定木方	第八步 固定风口

风口与木方的接口处，用角钢做边框，保证其牢固性。

下出风口的位置可在跌级的高处，也可在跌级的低处，不影响装饰效果。

下出风口暗藏灯带的顶棚实景效果图

1.10
窗帘盒暗藏灯带的顶棚

▶▶ **窗帘盒暗藏灯带的顶棚（低于窗户）**

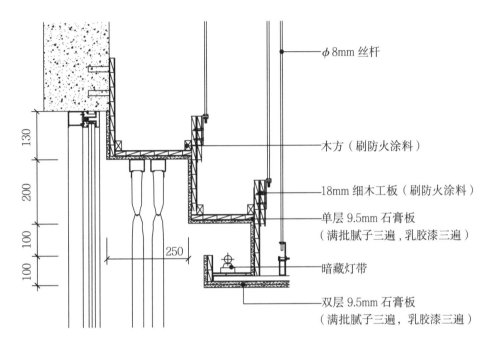

$\phi 8mm$ 丝杆

木方（刷防火涂料）

18mm 细木工板（刷防火涂料）

单层 9.5mm 石膏板
（满批腻子三遍，乳胶漆三遍）

暗藏灯带

双层 9.5mm 石膏板
（满批腻子三遍，乳胶漆三遍）

单位：mm

窗帘盒暗藏灯带的顶棚（低于窗户）节点图

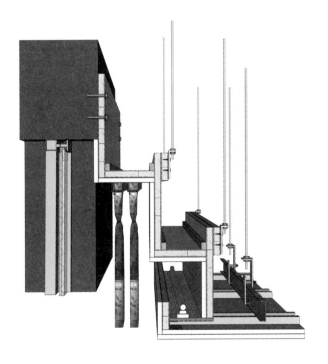

扫 / 码 / 观 / 看
"窗帘盒暗藏灯带的顶棚
（低于窗户）"三维节点
动图

窗帘盒暗藏灯带的顶棚（低于窗户）三维示意图

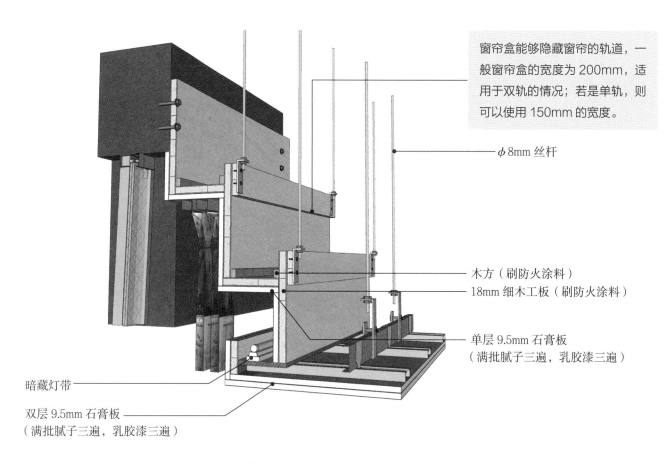

窗帘盒能够隐藏窗帘的轨道，一般窗帘盒的宽度为200mm，适用于双轨的情况；若是单轨，则可以使用150mm的宽度。

φ8mm 丝杆

木方（刷防火涂料）

18mm 细木工板（刷防火涂料）

单层 9.5mm 石膏板（满批腻子三遍，乳胶漆三遍）

暗藏灯带

双层 9.5mm 石膏板（满批腻子三遍，乳胶漆三遍）

窗帘盒暗藏灯带的顶棚（低于窗户）三维示意图解析

工艺解析

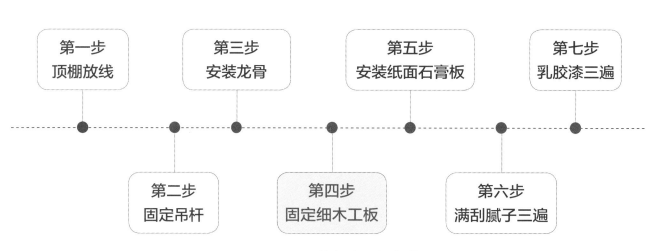

第一步 顶棚放线

第二步 固定吊杆

第三步 安装龙骨

第四步 固定细木工板

第五步 安装纸面石膏板

第六步 满刮腻子三遍

第七步 乳胶漆三遍

18mm 厚的细木工板在进场后需先涂刷防火涂料三遍，再用35mm 长的自攻螺丝进行固定。

窗帘盒暗藏灯带的做法通常被用于无主灯设计的情况下，夜晚时，暖光配上纱帘，减轻了空间的沉重感，让空间的氛围更加温馨。

窗帘盒暗藏灯带的顶棚（低于窗户）实景效果图

▶▶ **窗帘盒暗藏灯带的顶棚（高于窗户）**

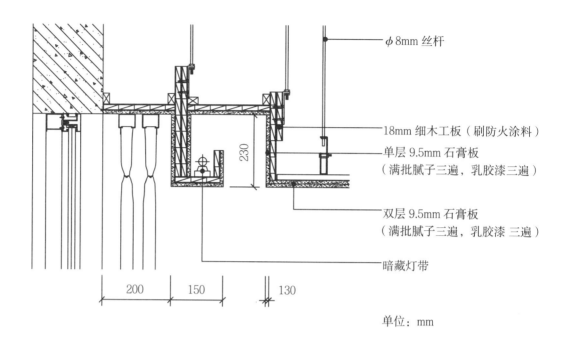

ϕ8mm 丝杆

18mm 细木工板（刷防火涂料）

单层 9.5mm 石膏板
（满批腻子三遍，乳胶漆三遍）

双层 9.5mm 石膏板
（满批腻子三遍，乳胶漆 三遍）

暗藏灯带

230

200 150 130

单位：mm

窗帘盒暗藏灯带的顶棚（高于窗户）节点图

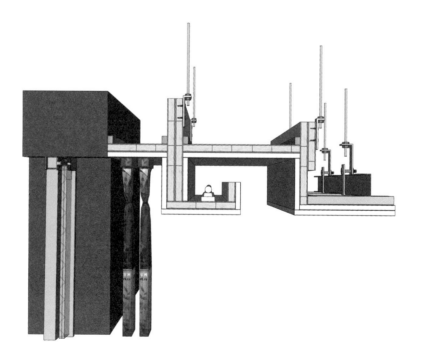

扫 / 码 / 观 / 看
"窗帘盒暗藏灯带的顶棚
（高于窗户）"三维节点
动图

窗帘盒暗藏灯带的顶棚（高于窗户）三维示意图

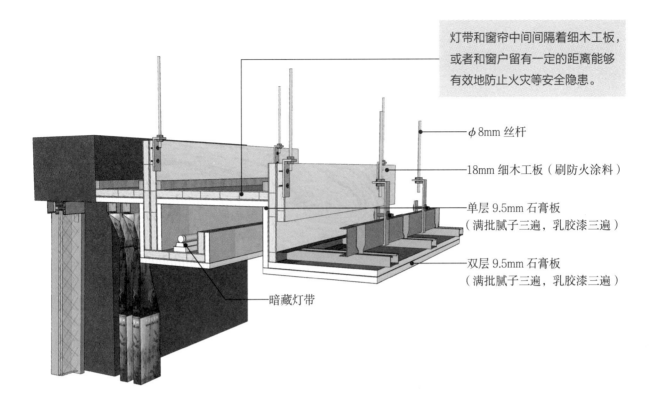

灯带和窗帘中间间隔着细木工板，或者和窗户留有一定的距离能够有效地防止火灾等安全隐患。

φ8mm 丝杆

18mm 细木工板（刷防火涂料）

单层 9.5mm 石膏板
（满批腻子三遍，乳胶漆三遍）

双层 9.5mm 石膏板
（满批腻子三遍，乳胶漆三遍）

暗藏灯带

窗帘盒暗藏灯带的顶棚（高于窗户）三维示意图解析

工艺解析

在窗帘盒部位的顶部先封一层 12mm 厚的阻燃板，再封一层 9.5mm 厚纸面石膏板。在其余的顶棚部位则采用双层的 9.5mm 厚的纸面石膏板，将其用自攻螺丝与龙骨固定。

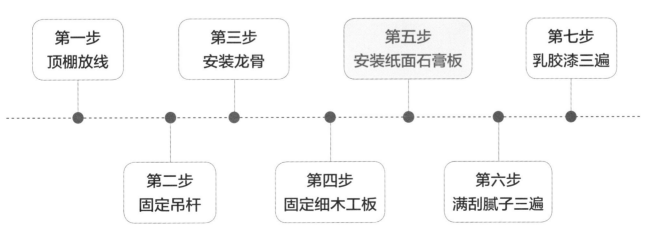

第一步
顶棚放线

第三步
安装龙骨

第五步
安装纸面石膏板

第七步
乳胶漆三遍

第二步
固定吊杆

第四步
固定细木工板

第六步
满刮腻子三遍

暖色的灯带，让窗户处即使是在黑夜也带着一丝暖意，而不是死板的黑。

窗帘盒暗藏灯带的顶棚（高于窗户）实景效果图

2

墙面灯光节点

　　墙面的灯光一般不会起主要照明的作用，而是负责辅助照明或者装饰照明的部分。起到辅助照明作用时一般会负责墙面凹槽内或者死角部位的照明，以方便人们寻找物品。装饰照明则一般带有一定的引导性，比如楼梯扶手就是沿着楼梯的方向进行照明，还具有一定的强调作用，比如墙角处的灯光，强调了轮廓感，等等。本章通过墙面光槽、墙面暗藏灯带、扶手暗藏灯带、泛光金属条、光龛背景墙、墙角处暗藏灯带以及三种玻璃隔断的做法进行详细的解析。

墙面光槽

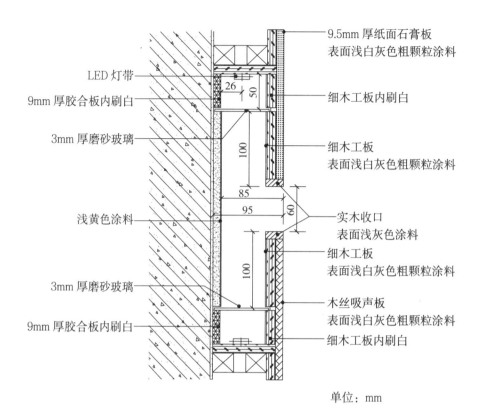

9.5mm 厚纸面石膏板
表面浅白灰色粗颗粒涂料

LED 灯带

9mm 厚胶合板内刷白

细木工板内刷白

3mm 厚磨砂玻璃

细木工板
表面浅白灰色粗颗粒涂料

浅黄色涂料

实木收口
表面浅灰色涂料

细木工板
表面浅白灰色粗颗粒涂料

3mm 厚磨砂玻璃

木丝吸声板
表面浅白灰色粗颗粒涂料

9mm 厚胶合板内刷白

细木工板内刷白

单位：mm

墙面光槽节点图

扫 / 码 / 观 / 看
"墙面光槽" 三维节点动图

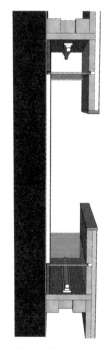

墙面光槽三维示意图

墙面内装设的灯带通常都会遵循不直射人眼的原则，比较常见的就是图中这类完全隐藏光源的形式。

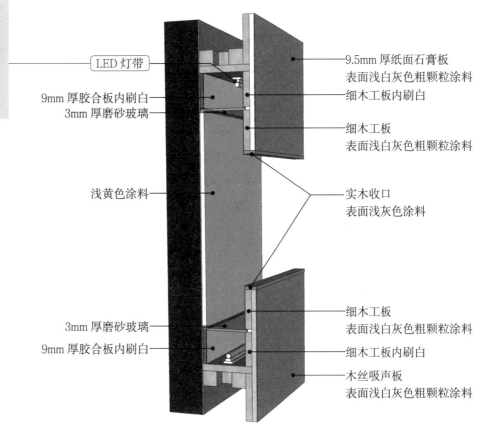

LED 灯带

9mm 厚胶合板内刷白
3mm 厚磨砂玻璃

浅黄色涂料

3mm 厚磨砂玻璃

9mm 厚胶合板内刷白

9.5mm 厚纸面石膏板
表面浅白灰色粗颗粒涂料

细木工板内刷白

细木工板
表面浅白灰色粗颗粒涂料

实木收口
表面浅灰色涂料

细木工板
表面浅白灰色粗颗粒涂料

细木工板内刷白

木丝吸声板
表面浅白灰色粗颗粒涂料

墙面光槽三维示意图解析

/ 常见光源的分类 /

白炽灯

优点：最初成本低，显色指数非常好，色温偏暖，容易调光，能够瞬时开关

缺点：运行成本贵，指向性差，发光效率低，寿命也短，发热量和噪声量都较大

卤钨灯

优点：最初成本适中，显色指数极好，色温从暖到中性皆有，调光容易且方便，能够瞬时开关，指向性也很优秀

缺点：运行成本贵，发光效率很低，有一些噪声，发热量较大

荧光灯

优点：最初成本适中，运行成本便宜，显色指数较好，色温可任意选择，发光效率优秀，且寿命极长，发热量也很少

缺点：可以调光，但价格昂贵，指向性不好，有一些噪声

高强度气体放电灯

优点：运行成本低，显色指数良好，发光效率也很优秀，指向性好，寿命也长，发热量相对较少

缺点：最初成本高，可以调光，但价格昂贵，不可以瞬时开关，有一些噪声

LED

优点：运行成本低，显色指数良好，可以调整亮度，指向性非常好，寿命很长，发光效率高，没有噪声，且发热量相对较少

缺点：最初成本很高，需要安装镇流器和变压器

工艺解析

第一步：清理基层

确保墙面坚实、平整，清理墙面使水泥墙面尽量无浮土、浮尘。在墙面上辊一遍混凝土界面剂，尽量均匀，待其干燥（一般在 2h 以上）。同时对墙面阴阳角进行处理，保证阴阳角的垂直方正。

第二步：弹线

根据设计图纸中光槽的位置在墙面上弹线，标记好灯泡的位置。

第三步：安装木方

采用木方做龙骨，建立骨架，方便安装胶合板、灯带等结构。

第四步：安装细木工板

将刷防火涂料三遍的细工木板用枪钉固定在木龙骨基层上。

第五步：安装胶合板

第六步：安装灯带

将墙体内引出的电源线和灯带的电源线接线端可靠连接，并将灯带的电源线插入灯具接口，将灯具用固定带固定。

第七步：固定磨砂玻璃

第八步：安装纸面石膏板

第九步：安装木丝吸声板

第十步：做实木收口

第十一步：涂刷涂料

乳胶漆通常要刷两遍，每遍之间的时间应视其表面干透时间而定，第二遍乳胶漆刷完干透前应注意防水、防旱、防晒，以及防止漆膜出现问题。乳胶漆的漆膜干燥快，所以应连续迅速操作，逐渐涂刷向另一边。一定要注意上下顺刷、互相衔接，避免出现接槎明显的问题。

墙面的光槽除了起到照明作用
外，还可以起到装饰的作用，
柔软的灯光既不会刺激人眼，
还能营造温馨的空间氛围。

墙面光槽实景效果图

2.2
墙面造型内暗藏灯带

▶▶ 卧室床头造型内暗藏灯带

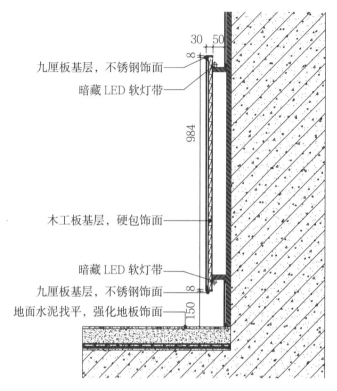

九厘板基层，不锈钢饰面

暗藏 LED 软灯带

木工板基层，硬包饰面

暗藏 LED 软灯带

九厘板基层，不锈钢饰面

地面水泥找平，强化地板饰面

单位：mm

卧室床头造型内暗藏灯带节点图

卧室床头造型内暗藏灯带三维示意图

扫 / 码 / 观 / 看
"卧室床头造型内暗藏灯
带"三维节点动图

卧室床头的暗藏灯带通常亮度
较弱，不会影响普通人的睡眠，
对一些喜欢开灯睡觉的人来说
十分的友好。

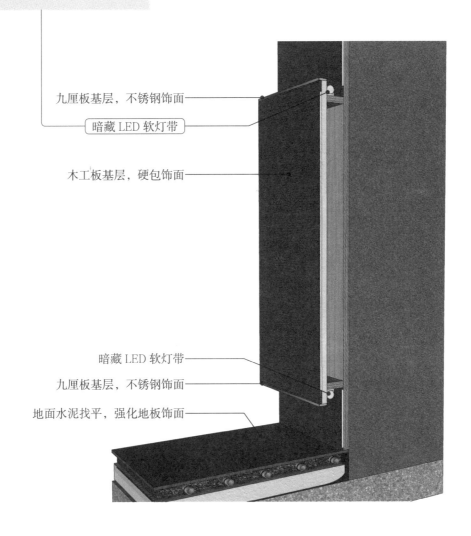

九厘板基层，不锈钢饰面

暗藏 LED 软灯带

木工板基层，硬包饰面

暗藏 LED 软灯带

九厘板基层，不锈钢饰面

地面水泥找平，强化地板饰面

卧室床头造型内暗藏灯带三维示意图解析

工艺解析

第一步：基层处理

墙面基层涂刷清油或防腐涂料，沥青油毡不得用作防潮层，墙面应待干燥后再进行施工作业。

第二步：弹线

通过吊直、套方、找规矩、弹线等工序，根据图纸在墙面弹出分格线并校对位置的准确性，同时弹出竖向和水平的控制线。确定好床头的高度，并标记好灯带的位置。

第三步：材料加工

按设计要求将软包布料及填充料进行剪裁，布料和填充料在干净整洁的桌面上进行裁剪，布料下料时每边应长出 50mm ，以便于包裹绷边。剪裁时应横平竖直，保证尺寸正确。

第四步：安装底板

将九厘板基层板用螺丝固定在竖龙骨上，按分格线用气钉将其固定在墙面上，基层板应平整，且钉帽不得凸出板面。

第五步：安装骨架

根据设计图纸中床头的尺寸做骨架，预留出灯带的安装位置。

第六步：安装细木工板

安装细木工板基层做硬包的基层。

第七步：安装灯带

第八步：粘贴面料

将细木工板表面均匀涂刷一层乳胶漆，乳胶漆稍干后，将面料按顺序从下至上用钢钉固定在衬板上，拼接时应注意布料花纹相邻之间的对称。

第九步：收口处理

在上下的收口处安装九厘板做基层，在其基层上固定 U 型不锈钢做收边，防止边部翘起。

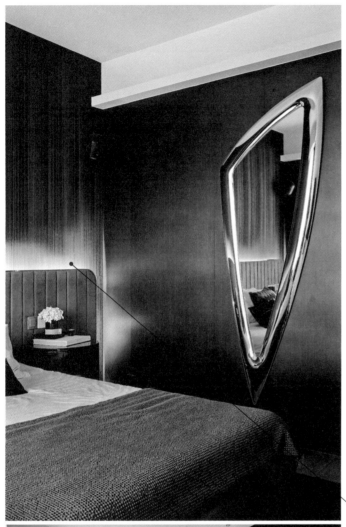

暗藏灯带的跌级顶棚其灯带的光通过顶棚
反射后照亮空间，能够避免光源直射人眼，
并且光照十分均匀。这种顶棚形式通常被
运用在客厅、卧室这类空间中。

卧室床头造型内暗藏灯带实景效果图

▶▶ 卫浴间镜子内暗藏灯带

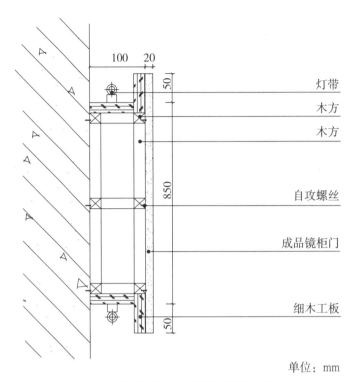

100   20

50

850

50

单位：mm

灯带
木方
木方
自攻螺丝
成品镜柜门
细木工板

卫浴间镜子内暗藏灯带节点图

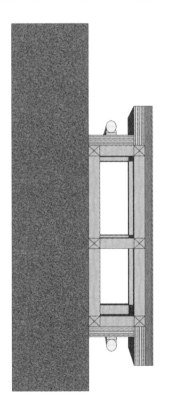

卫浴间镜子内暗藏灯带三维示意图

扫 / 码 / 观 / 看
"卫浴间镜子内暗藏灯带"
三维节点动图

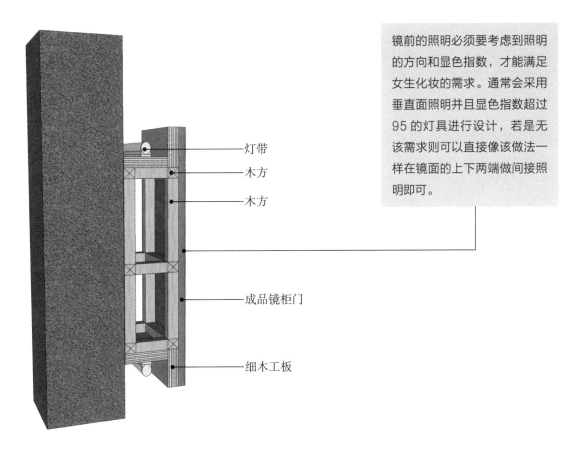

灯带

木方

木方

镜前的照明必须要考虑到照明的方向和显色指数，才能满足女生化妆的需求。通常会采用垂直面照明并且显色指数超过95的灯具进行设计，若是无该需求则可以直接像该做法一样在镜面的上下两端做间接照明即可。

成品镜柜门

细木工板

卫浴间镜子内暗藏灯带三维示意图解析

工艺解析

用自攻螺丝将木方固定在墙面上，还可以相互之间进行固定，做镜面内部的结构，还可以将镜面内部做储物柜，可以根据柜子的分层加入层板，给卫生间内增加储物功能。

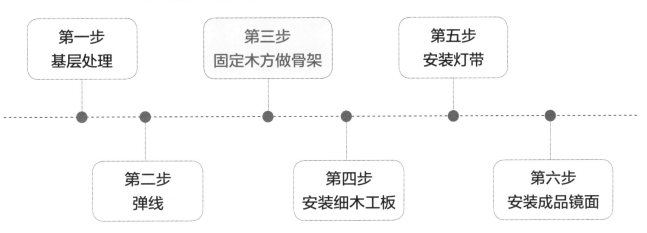

第一步
基层处理

第二步
弹线

第三步
固定木方做骨架

第四步
安装细木工板

第五步
安装灯带

第六步
安装成品镜面

这种照明方式突出强化了镜子周围的环境，下方的光源反射能够较好地照亮洗手盆，同时反射照亮人脸。

卫浴间镜子内暗藏灯带实景效果图

2.3
墙面扶手内暗藏灯带

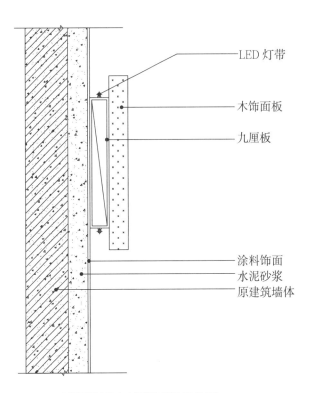

- LED 灯带
- 木饰面板
- 九厘板
- 涂料饰面
- 水泥砂浆
- 原建筑墙体

墙面扶手内暗藏灯带节点图

墙面扶手内暗藏灯带三维示意图

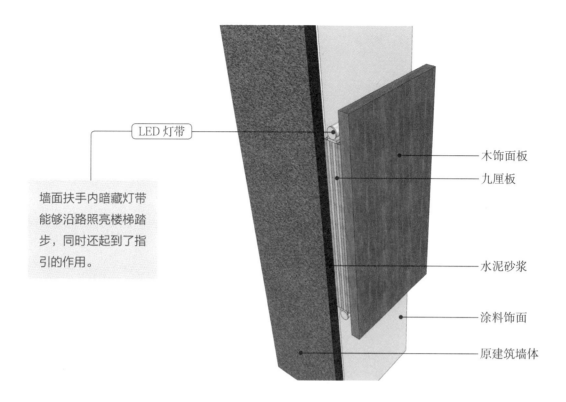

LED 灯带

墙面扶手内暗藏灯带能够沿路照亮楼梯踏步，同时还起到了指引的作用。

木饰面板

九厘板

水泥砂浆

涂料饰面

原建筑墙体

墙面扶手内暗藏灯带三维示意图解析

工艺解析

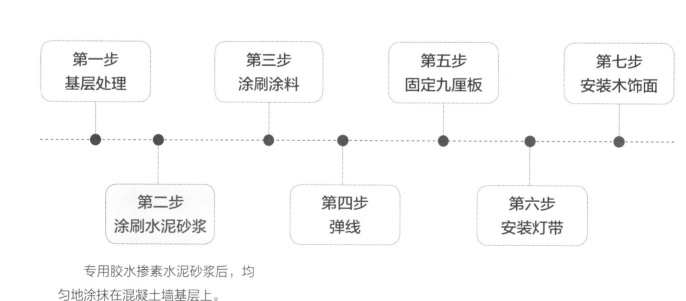

第一步
基层处理

第三步
涂刷涂料

第五步
固定九厘板

第七步
安装木饰面

第二步
涂刷水泥砂浆

第四步
弹线

第六步
安装灯带

专用胶水掺素水泥砂浆后，均匀地涂抹在混凝土墙基层上。

墙面扶手内暗藏灯带实景效果图

扶手处的照明除了在家居空间中经常出现外，还会出现在商业空间中。商业空间在做扶梯周围的照明时，可以考虑使用彩色光或者一些创意设计，让消费者耳目一新，提升商业空间的附加价值。

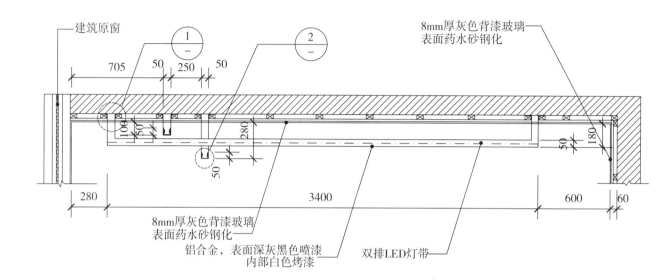

建筑原窗

8mm厚灰色背漆玻璃
表面药水砂钢化

705　50　250　50

3400　600　60

280

8mm厚灰色背漆玻璃
表面药水砂钢化

铝合金，表面深灰黑色喷漆
内部白色烤漆

双排LED灯带

泛光金属装饰条剖面图

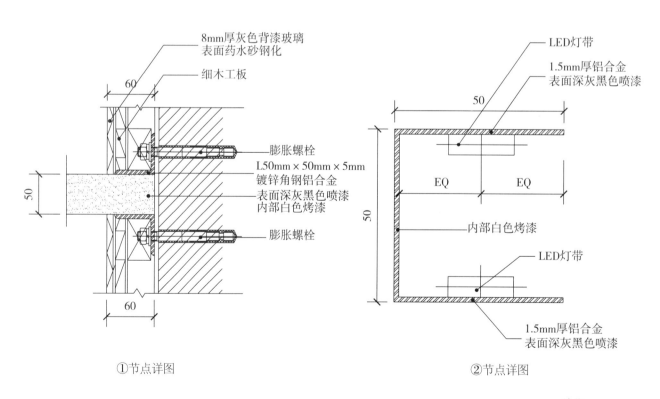

8mm厚灰色背漆玻璃
表面药水砂钢化

细木工板

60

膨胀螺栓

L50mm×50mm×5mm
镀锌角钢铝合金
表面深灰黑色喷漆
内部白色烤漆

膨胀螺栓

60

LED灯带

1.5mm厚铝合金
表面深灰黑色喷漆

50

EQ　EQ

内部白色烤漆

LED灯带

1.5mm厚铝合金
表面深灰黑色喷漆

①节点详图

②节点详图

单位：mm

泛光金属装饰条节点图

泛光金属装饰条三维示意图

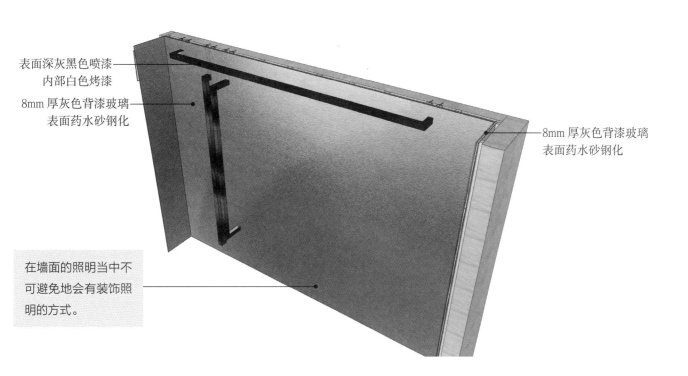

表面深灰黑色喷漆
内部白色烤漆

8mm 厚灰色背漆玻璃
表面药水砂钢化

8mm 厚灰色背漆玻璃
表面药水砂钢化

在墙面的照明当中不
可避免地会有装饰照
明的方式。

泛光金属装饰条三维示意图解析

工艺解析

第一步：基层处理

要确保墙面坚实、平整，如有凹凸不平的现象，要进行打磨等处理，保证平整度，并清理墙面上的浮土、浮尘等。且墙面上需涂刷一层界面剂，增加墙面的黏结性，让后续的安装更加稳固。

第二步：弹线

根据设计图纸中扶手的安装位置在墙面上弹线，需要在横向和竖向上都精准弹线。同时确定木方的位置。

第三步：制作扶手

扶手采用 1.5mm 厚的铝合金，根据设计图纸的尺寸将其固定成为 U 形，且长宽均为50mm，若有成品也可直接选用成品。

第四步：喷漆

在铝合金的表面喷涂深灰黑色的漆，让扶手颜色统一，一般要喷涂 2~3 次，保证颜色均匀。需要待前一遍干后，再喷涂第二遍。

第五步：安装灯带

用捆带捆住灯带，固定在扶手的内侧，且灯带呈相对的形式，通常 LED 灯带需要镇流器和变压器，可将其隐藏在墙体的内部。

第六步：固定扶手

采用 L50mm×50mm×5mm 的镀锌角钢，分别放置在扶手的两侧，用膨胀螺栓将角钢和墙面进行固定。

第七步：安装木方

木方可在扶手的两侧进行固定，在做墙面骨架的同时，还起到了加固扶手的作用。

第八步：安装细木工板

根据墙面的尺寸以及扶手与墙面相接处的尺寸，切割细木工板，割掉扶手所占的位置，将其安装在木方外表面，用自攻螺丝将细木工板和木方固定在一起。

第九步：安装饰面材料

切割饰面材料，通常饰面板材都是以 2m 或1m 为宽度，将其安装在细木工板上。

这种暗藏灯带的方式可以让装饰品形成自发光的感觉，且光也非常自然，不会特别刺眼。不管是商业空间、办公空间还是家居空间中都十分地适用。

泛光金属装饰条实景效果图

2.5
光龛墙面内暗藏灯带

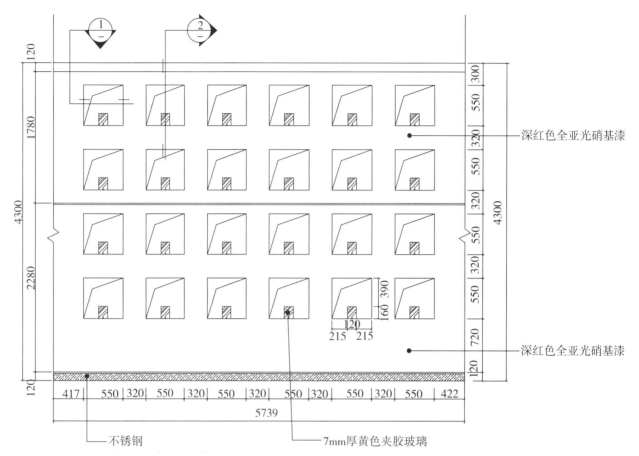

深红色全亚光硝基漆

深红色全亚光硝基漆

不锈钢

7mm厚黄色夹胶玻璃

光龛墙面内暗藏灯带立面图

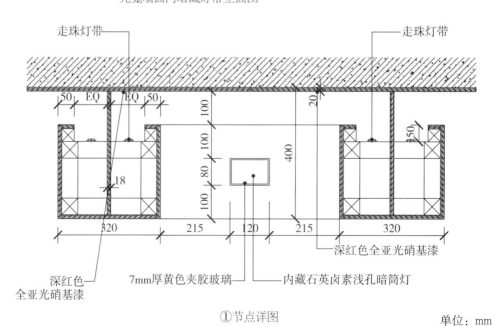

深红色
全亚光硝基漆

7mm厚黄色夹胶玻璃

内藏石英卤素浅孔暗筒灯

深红色全亚光硝基漆

①节点详图

单位：mm

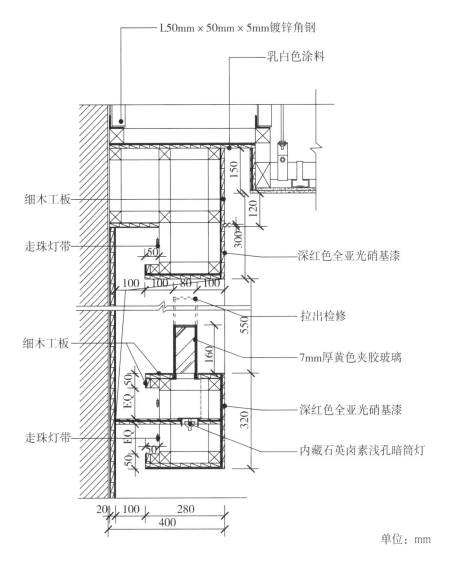

L50mm×50mm×5mm镀锌角钢

乳白色涂料

细木工板

走珠灯带

150

120

300

50

100 100 80 100

深红色全亚光硝基漆

550

拉出检修

细木工板

160

7mm厚黄色夹胶玻璃

EQ 50

深红色全亚光硝基漆

320

走珠灯带

EQ

50

内藏石英卤素浅孔暗筒灯

20 100   280

400

单位：mm

②节点详图

光龛墙面内暗藏灯带节点图

扫 / 码 / 观 / 看
"光龛墙面内暗藏灯带"
三维节点动图

光龛墙面内暗藏灯带三维示意图

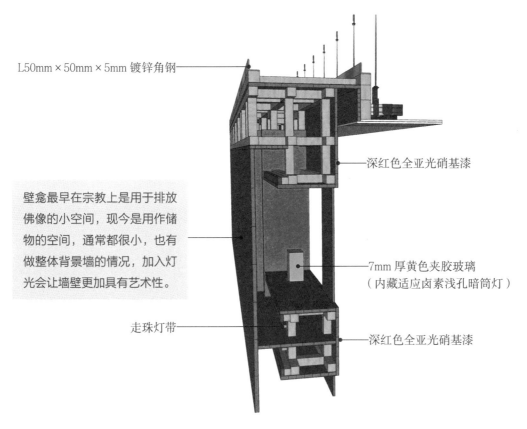

L50mm×50mm×5mm 镀锌角钢

壁龛最早在宗教上是用于排放佛像的小空间，现今是用作储物的空间，通常都很小，也有做整体背景墙的情况，加入灯光会让墙壁更加具有艺术性。

走珠灯带

深红色全亚光硝基漆

7mm 厚黄色夹胶玻璃
（内藏适应卤素浅孔暗筒灯）

深红色全亚光硝基漆

光龛墙面内暗藏灯带三维示意图解析

工艺解析

从地面开始一层一层地固定木方和
细木工板，注意细木工板都需进行刷漆
处理，刷深红色全亚光硝基漆。

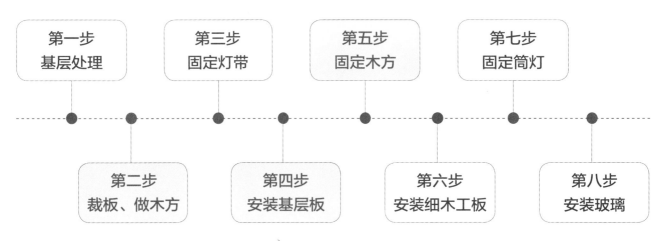

第一步
基层处理

第二步
裁板、做木方

第三步
固定灯带

第四步
安装基层板

第五步
固定木方

第六步
安装细木工板

第七步
固定筒灯

第八步
安装玻璃

先对细木工板进行裁切，并
准备好木方，裁切至需要的尺寸，
并对其进行编号，以此来确定灯
带需要固定在木方的哪些位置。

用细木工板做墙
面的基层板安装即可。

暗藏灯带的跌级顶棚其灯带的光通过顶棚反射后照亮空间，能够避免光源直射人眼，并且光照十分均匀。这种顶棚形式通常被运用在客厅、卧室这类空间中。

光龛墙面内暗藏灯带实景效果图

2.6
墙面内凹式阳角内暗藏灯带

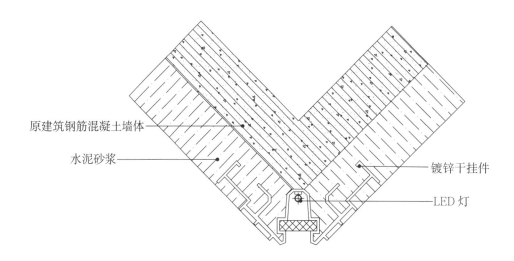

原建筑钢筋混凝土墙体
水泥砂浆
镀锌干挂件
LED 灯

墙面内凹式阳角内暗藏灯带节点图

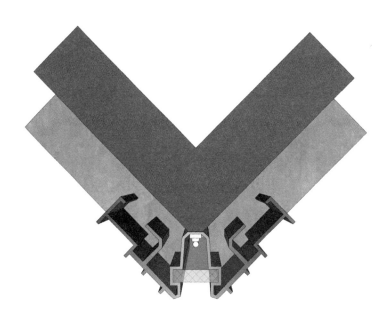

扫 / 码 / 观 / 看
"墙面内凹式阳角内暗藏
灯带"三维节点动图

墙面内凹式阳角内暗藏灯带三维示意图

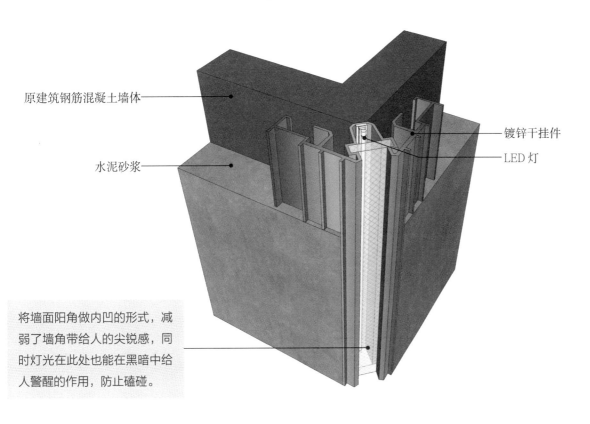

原建筑钢筋混凝土墙体

水泥砂浆

镀锌干挂件

LED 灯

将墙面阳角做内凹的形式，减弱了墙角带给人的尖锐感，同时灯光在此处也能在黑暗中给人警醒的作用，防止磕碰。

墙面内凹式阳角内暗藏灯带三维示意图解析

工艺解析

用自攻螺丝固定干挂件，
与墙面相接。

第一步 基层处理	第三步 安装镀锌干挂件	第五步 安装灯带

第二步 弹线	第四步 水泥砂浆找平	第六步 安装亚克力板

除了在阳角的位置外，还能在阴角的位置暗藏灯带，给单调的空间增加层次感。这种形式经常被用于家居空间及商业空间中。

墙面内凹式阳角内暗藏灯带实景效果图

2.7
墙面砖阳角处暗藏灯带

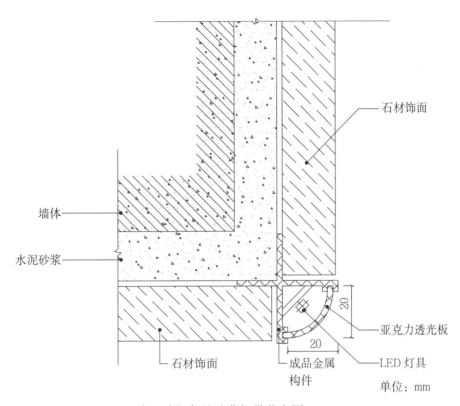

石材饰面

墙体

水泥砂浆

石材饰面

成品金属
构件

亚克力透光板

LED 灯具

20

20

单位：mm

墙面砖阳角处暗藏灯带节点图

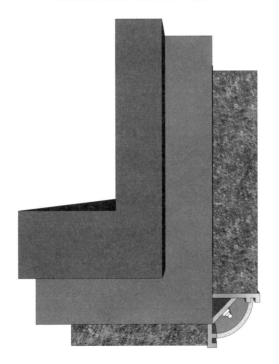

墙面砖阳角处暗藏灯带三维示意图

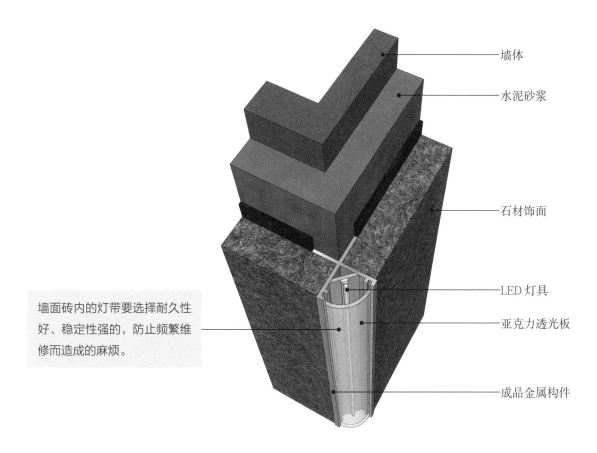

墙面砖内的灯带要选择耐久性好、稳定性强的，防止频繁维修而造成的麻烦。

墙体

水泥砂浆

石材饰面

LED 灯具

亚克力透光板

成品金属构件

墙面砖阳角处暗藏灯带三维示意图解析

工艺解析

基层板在安装前
要做阻燃处理。

第一步 基层处理		第三步 水泥砂浆找平		第五步 素水泥膏一道		第七步 安装基层板		第九步 安装亚克力板
	第二步 弹线		第四步 固定成品金属构件		第六步 安装石材		第八步 固定灯带	

除了墙面砖外，木饰面的阳角处也可以按相同的做法暗藏灯带，既能照亮空间死角，同时还能起到增加轮廓感，强调视觉重心的作用。不管是家居空间还是商业空间中都十分适用。

墙面砖阳角处暗藏灯带实景效果图

2.8
导光玻璃隔断

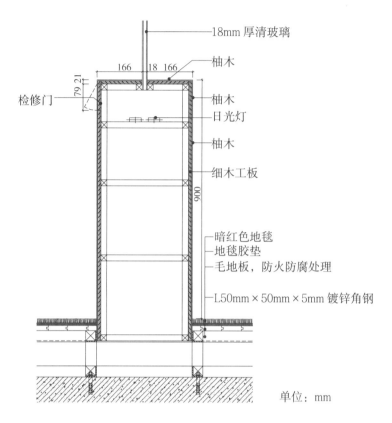

18mm 厚清玻璃

柚木

柚木

日光灯

柚木

细木工板

暗红色地毯
地毯胶垫
毛地板，防火防腐处理

L50mm×50mm×5mm 镀锌角钢

检修门

单位：mm

导光玻璃隔断节点图

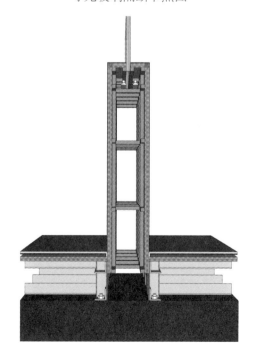

导光玻璃隔断三维示意图

导光玻璃将光源隐藏在玻璃的内部，通过透明玻璃将光传递出去。柔和的灯光更能渲染氛围，根据灯光的颜色，氛围也会不同。

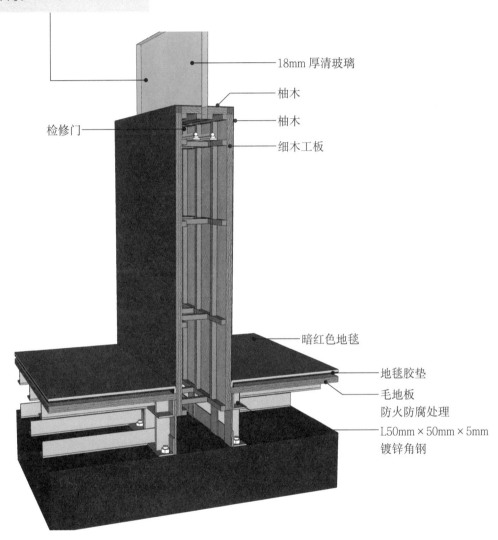

18mm 厚清玻璃

柚木

柚木

细木工板

检修门

暗红色地毯

地毯胶垫

毛地板
防火防腐处理

L50mm×50mm×5mm
镀锌角钢

导光玻璃隔断三维示意图解析

工艺解析

第一步：基层处理

第二步：弹线

第三步：固定角钢

用 L50mm×50mm×5mm 的镀锌角钢支撑做地台，地台的高度根据需求而定，通常都在 300mm 左右。

第四步：安装木方

选用 30mm×30mm 的木方，制作隔断的骨架，根据隔断的厚度，将木方安置在两侧，并在隔断需要的高度上做竖向的支撑，横向上也是同理。

第五步：固定灯带

用捆带或者粘贴的方式将灯带固定在第二层的木方上。

第六步：安装细木工板

在木方的外侧安装细木工板做基层，在隔断灯带位置的旁边做一个小的检修门，方便灯带的检修。

第七步：安装柚木饰面

在细木工板基层上安装柚木做饰面材料，装饰隔断。

第八步：安装玻璃

在玻璃与板材接触的两侧使用硅胶进行填充固定，保证其稳固性。

第九步：安装毛地板

第十步：铺贴地毯胶垫

第十一步：铺贴地毯

导光玻璃隔断只占空间一半的高度，减少了隔断的封闭感，还能带来私密性。通常被用于休闲区、餐厅、酒吧等场所。

导光玻璃隔断实景效果图

2.9
透光玻璃隔断

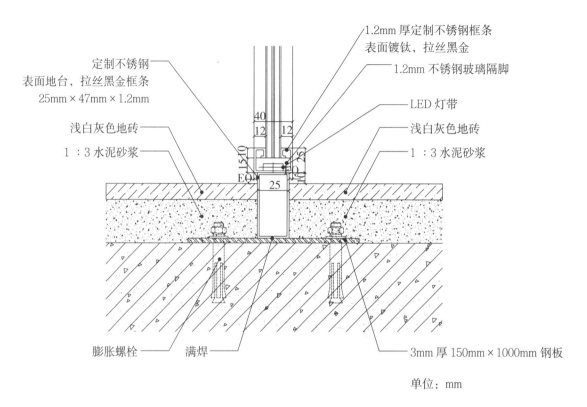

定制不锈钢
表面地台，拉丝黑金框条
25mm×47mm×1.2mm

1.2mm 厚定制不锈钢框条
表面镀钛，拉丝黑金

1.2mm 不锈钢玻璃隔脚

浅白灰色地砖

LED 灯带

1：3 水泥砂浆

浅白灰色地砖

1：3 水泥砂浆

膨胀螺栓

满焊

3mm 厚 150mm×1000mm 钢板

单位：mm

透光玻璃隔断节点图

扫 / 码 / 观 / 看
"透光玻璃隔断"三维节
点动图

透光玻璃隔断三维示意图

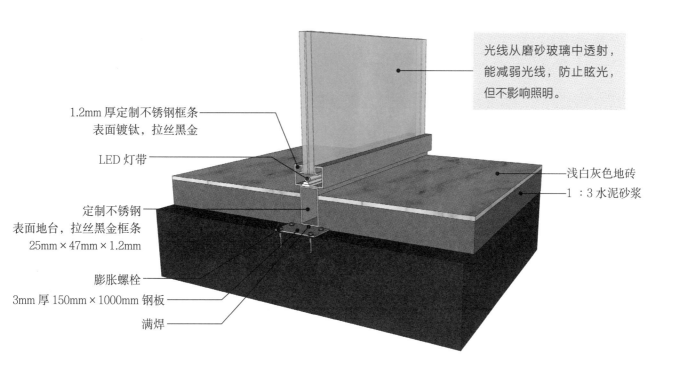

1.2mm 厚定制不锈钢框条
表面镀钛，拉丝黑金

LED 灯带

定制不锈钢
表面地台，拉丝黑金框条
25mm × 47mm × 1.2mm

膨胀螺栓
3mm 厚 150mm × 1000mm 钢板
满焊

光线从磨砂玻璃中透射，
能减弱光线，防止眩光，
但不影响照明。

浅白灰色地砖
1：3 水泥砂浆

透光玻璃隔断三维示意图解析

工艺解析

用膨胀螺栓固定 3mm 厚
150mm × 1000mm 的钢板。

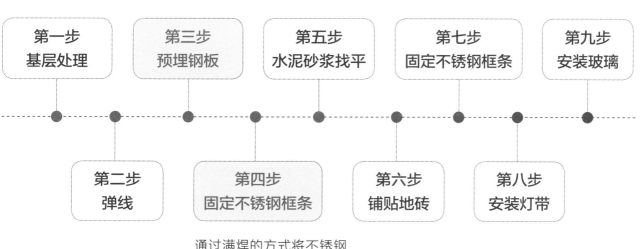

第一步
基层处理

第三步
预埋钢板

第五步
水泥砂浆找平

第七步
固定不锈钢框条

第九步
安装玻璃

第二步
弹线

第四步
固定不锈钢框条

第六步
铺贴地砖

第八步
安装灯带

通过满焊的方式将不锈钢
框条固定在钢板上。

透光玻璃隔断实景效果图

透光玻璃隔断只在地面和隔断接触的
位置设置灯带，既能照亮地面，又让
玻璃具有独特性。通常被使用在咖啡
厅、餐厅等场所中。

2.10
玻璃隔断装置

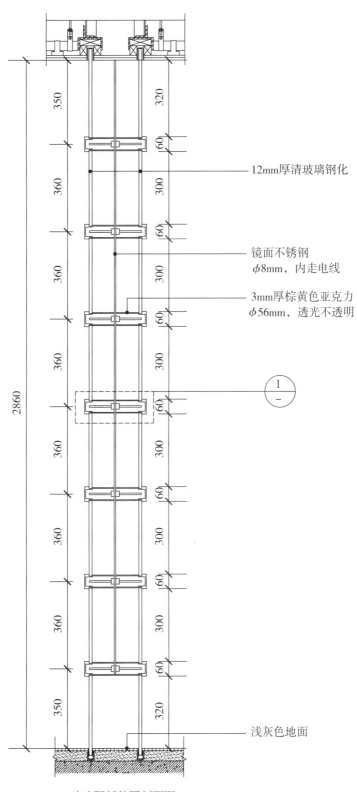

12mm厚清玻璃钢化

镜面不锈钢
φ8mm，内走电线

3mm厚棕黄色亚克力
φ56mm，透光不透明

$\dfrac{1}{-}$

浅灰色地面

玻璃隔断装置剖面图

单位：mm

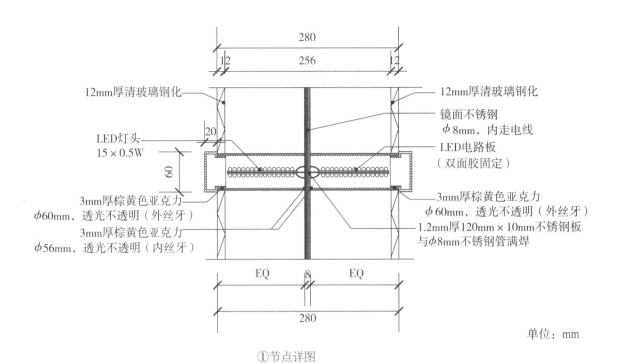

12mm厚清玻璃钢化

LED灯头
15×0.5W

3mm厚棕黄色亚克力
φ60mm，透光不透明（外丝牙）
3mm厚棕黄色亚克力
φ56mm，透光不透明（内丝牙）

12mm厚清玻璃钢化

镜面不锈钢
φ8mm，内走电线

LED电路板
（双面胶固定）

3mm厚棕黄色亚克力
φ60mm，透光不透明（外丝牙）

1.2mm厚120mm×10mm不锈钢板
与φ8mm不锈钢管满焊

单位：mm

①节点详图

玻璃隔断装置节点图

扫 / 码 / 观 / 看
"玻璃隔断装置"三维节
点动图

玻璃隔断装置三维示意图

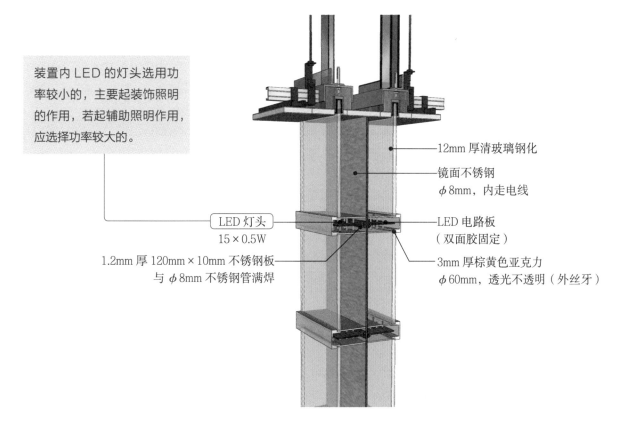

装置内 LED 的灯头选用功率较小的，主要起装饰照明的作用，若起辅助照明作用，应选择功率较大的。

12mm 厚清玻璃钢化

镜面不锈钢
φ8mm，内走电线

LED 灯头
15×0.5W

LED 电路板
（双面胶固定）

1.2mm 厚 120mm×10mm 不锈钢板
与 φ8mm 不锈钢管满焊

3mm 厚棕黄色亚克力
φ60mm，透光不透明（外丝牙）

玻璃隔断装置三维示意图解析

工艺解析

先将一侧玻璃固定于顶棚和地面中，且玻璃应根据设计尺寸已切割出与灯管相接的位置。

将电路板用双面胶进行固定，并在灯管的里侧用棕黄色亚克力做内丝牙。

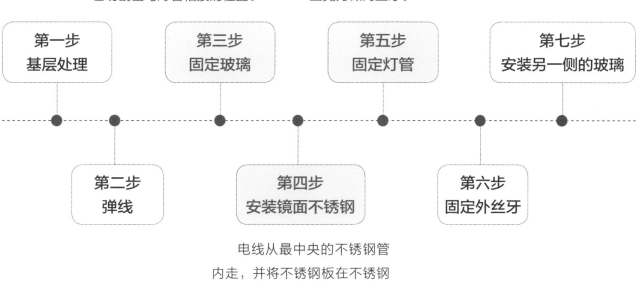

第一步 基层处理

第三步 固定玻璃

第五步 固定灯管

第七步 安装另一侧的玻璃

第二步 弹线

第四步 安装镜面不锈钢

第六步 固定外丝牙

电线从最中央的不锈钢管内走，并将不锈钢板在不锈钢管的外围进行满焊的处理。

两层玻璃当中夹着圆柱形的透光装置，整体形成了独具特点的玻璃隔断装置，照明效果很弱，主要起到了装饰照明的作用，微弱的暖光烘托着温馨的气氛。一般常见于餐厅、接待室等空间中，营造宾至如归的氛围。

玻璃隔断装置实景效果图

3

地面灯光节点

除了吊顶和墙面外，地面也逐渐开始使用灯光，可方便人们起夜照明，还能起到一定的装饰作用，常见于家居空间、商业空间及办公空间中。地面的灯光根据设计要求分别安装在地面内、地台内以及踢脚线内，不同的位置有不同的安装方式，其装饰效果也各不相同。

3.1

石材地面暗藏灯带

▶▶ 石材地面暗藏灯带（1）

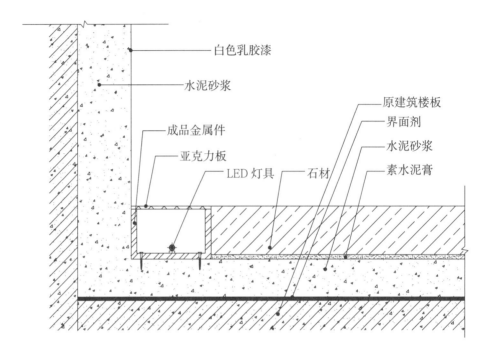

白色乳胶漆

水泥砂浆

成品金属件

亚克力板

LED 灯具

石材

原建筑楼板

界面剂

水泥砂浆

素水泥膏

石材地面暗藏灯带（1）节点图

扫／码／观／看
"石材地面暗藏灯带
（1）"三维节点动图

石材地面暗藏灯带（1）三维示意图

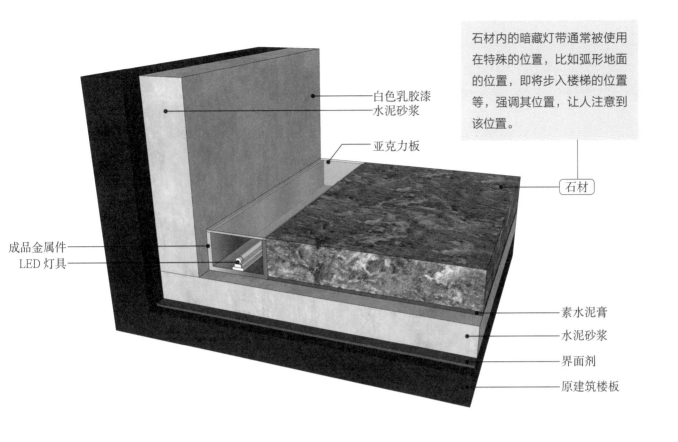

白色乳胶漆
水泥砂浆

亚克力板

石材内的暗藏灯带通常被使用在特殊的位置，比如弧形地面的位置，即将步入楼梯的位置等，强调其位置，让人注意到该位置。

石材

成品金属件
LED 灯具

素水泥膏
水泥砂浆
界面剂
原建筑楼板

石材地面暗藏灯带（1）三维示意图解析

/ 常见的地面石材 /

天然大理石

优点：纹理丰富、可塑性强

缺点：易风化、质地软、不耐污

天然文化石

优点：质地坚硬、色泽鲜明、抗压、耐磨、耐火、耐腐蚀

缺点：价格高、施工较困难

粗面花岗岩

优点：抗压、耐久性强、抗冻、耐酸、耐腐蚀、不易风化

缺点：长度上有局限性，大型地面铺装会有接缝，容易藏污纳垢

人造石材

优点：耐久性强、抗风化、价格低、抗压、重量轻

缺点：纹理缺乏自然感

工艺解析

第一步：基层处理

清理基层上的浮浆、油污、涂料、凸起物等影响黏结强度的物质。

第二步：涂刷界面剂

在基层表面洒水湿润，再涂刷界面剂，增强找平层与基层的黏合力。

第三步：水泥砂浆找平

按照 1 : 3 比例的水泥和砂进行配比，用其合成的水泥砂浆做 30mm 厚的面层，用来做地面的找平，其平整度应不小于 3mm。

第四步：弹线

根据设计图纸在地面上标注出需要暗藏灯带的位置和宽度。

第五步：固定金属件

用自攻螺丝固定金属件在地面上所标注的位置。

第六步：素水泥膏一道

用 10mm 厚的素水泥膏做黏结，均匀地批涂在石材背面，可以将石材和找平层更好地黏结在一起。

第七步：铺贴石材

铺完第一块后应向其两侧和后退方向顺序进行铺贴，铺完纵、横行之后便有了标准，可分段分区依次铺贴，一般房间宜先里后外进行，逐步退至门口，便于成品保护。

第八步：安装灯带

在金属件的中间位置安装灯带，灯带的变压器金属件内是安不下的，一定要找个隐蔽地方放好。

第九步：安装亚克力板

在灯带的表面安装亚克力板。

石材地面暗藏灯带（1）实景效果图

地面上的灯光强调了落地窗处弧形的阳台形状，吸引人的目光，丰富空间。

▶▶ 石材地面暗藏灯带（2）

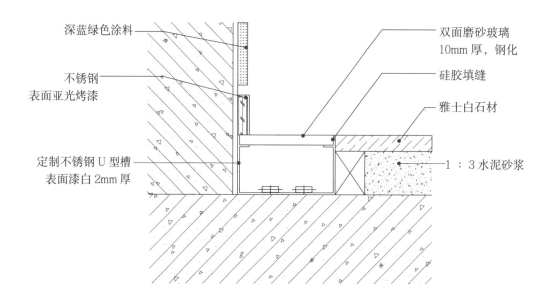

深蓝绿色涂料

不锈钢
表面亚光烤漆

定制不锈钢U型槽
表面漆白2mm厚

双面磨砂玻璃
10mm厚，钢化

硅胶填缝

雅士白石材

1：3水泥砂浆

石材地面暗藏灯带（2）节点图

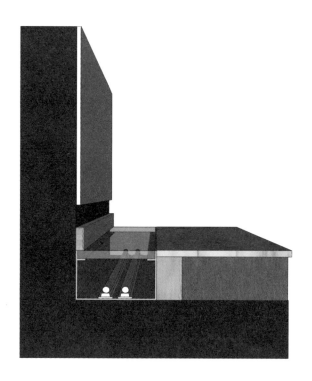

扫 / 码 / 观 / 看
"石材地面暗藏灯带
（2）"三维节点动图

石材地面暗藏灯带（2）三维示意图

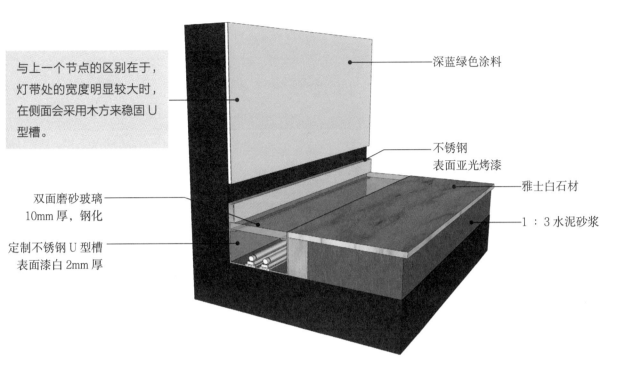

与上一个节点的区别在于，灯带处的宽度明显较大时，在侧面会采用木方来稳固 U 型槽。

深蓝绿色涂料

不锈钢
表面亚光烤漆

雅士白石材

1：3 水泥砂浆

双面磨砂玻璃
10mm 厚，钢化

定制不锈钢 U 型槽
表面漆白 2mm 厚

石材地面暗藏灯带（2）三维示意图解析

工艺解析

灯带的上方既可以选择亚克力板又可以选择玻璃，亚克力具有易刮花、不耐磨、易弯的特性，所以通常使用在面积很小的位置，而且会放在边缘、不会遇到重物压力的位置，主要起装饰性作用，而玻璃的承重相对较强，可以增加使用面积，并放置在任意位置上。

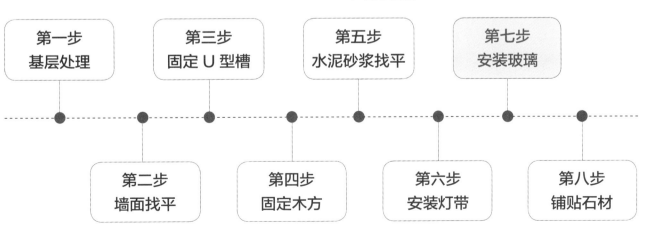

| 第一步 基层处理 | 第三步 固定 U 型槽 | 第五步 水泥砂浆找平 | 第七步 安装玻璃 |

| 第二步 墙面找平 | 第四步 固定木方 | 第六步 安装灯带 | 第八步 铺贴石材 |

石材地面暗藏灯带（2）实景效果图

地面处沿着墙面的结构做灯带，让
普通的走廊带有指引感，人眼会不
自觉地跟随灯光的方向转移。

3.2
玻璃地面内暗藏灯带

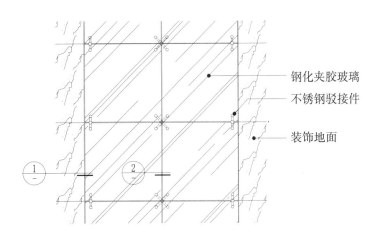

钢化夹胶玻璃
不锈钢驳接件
装饰地面

①
②

玻璃地面内暗藏灯带平面图

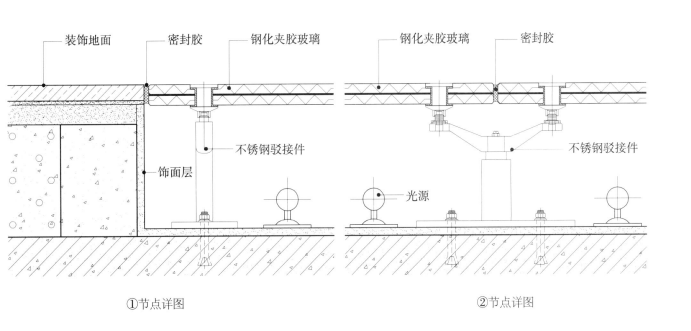

①节点详图   ②节点详图

玻璃地面内暗藏灯带节点图

扫 / 码 / 观 / 看
"玻璃地面内暗藏灯带"
三维节点动图

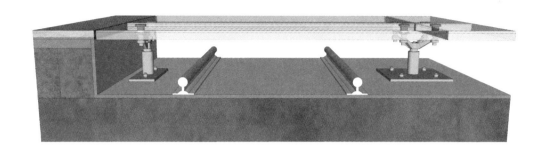

玻璃地面内暗藏灯带三维示意图

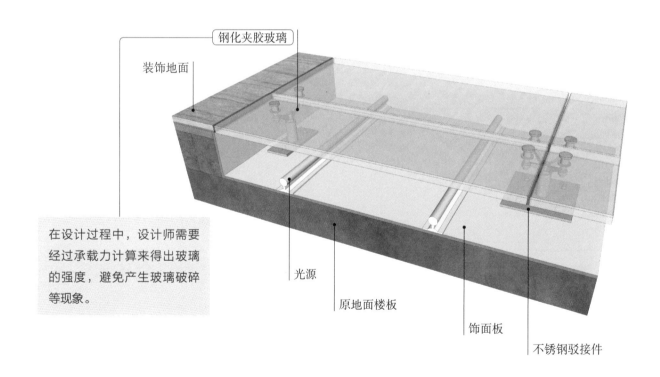

钢化夹胶玻璃

装饰地面

在设计过程中，设计师需要经过承载力计算来得出玻璃的强度，避免产生玻璃破碎等现象。

光源

原地面楼板

饰面板

不锈钢驳接件

玻璃地面内暗藏灯带三维示意图解析

工艺解析

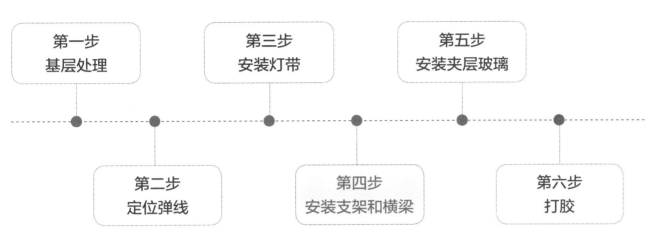

第一步 基层处理	第三步 安装灯带	第五步 安装夹层玻璃
第二步 定位弹线	第四步 安装支架和横梁	第六步 打胶

根据弹线的位置确定支架的安装位置，安装好后，再架上横梁，支架的每个螺帽在调平后都拧紧，形成连接。

玻璃地面内暗藏灯带除了整面发光的形式外，还可以通过置入粗糙有质感的工艺品，再用筒灯或射灯进行照射的方式，来达成艺术感的效果。

玻璃地面内暗藏灯带实景效果图

3.3
石材地台暗藏灯带

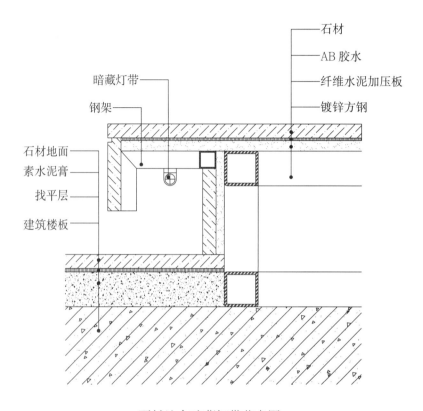

石材地台暗藏灯带节点图

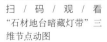

石材地台暗藏灯带三维示意图

石材地台通常不会被用作榻榻米，一般都是为了做抬高，起到隐形分割空间的作用。

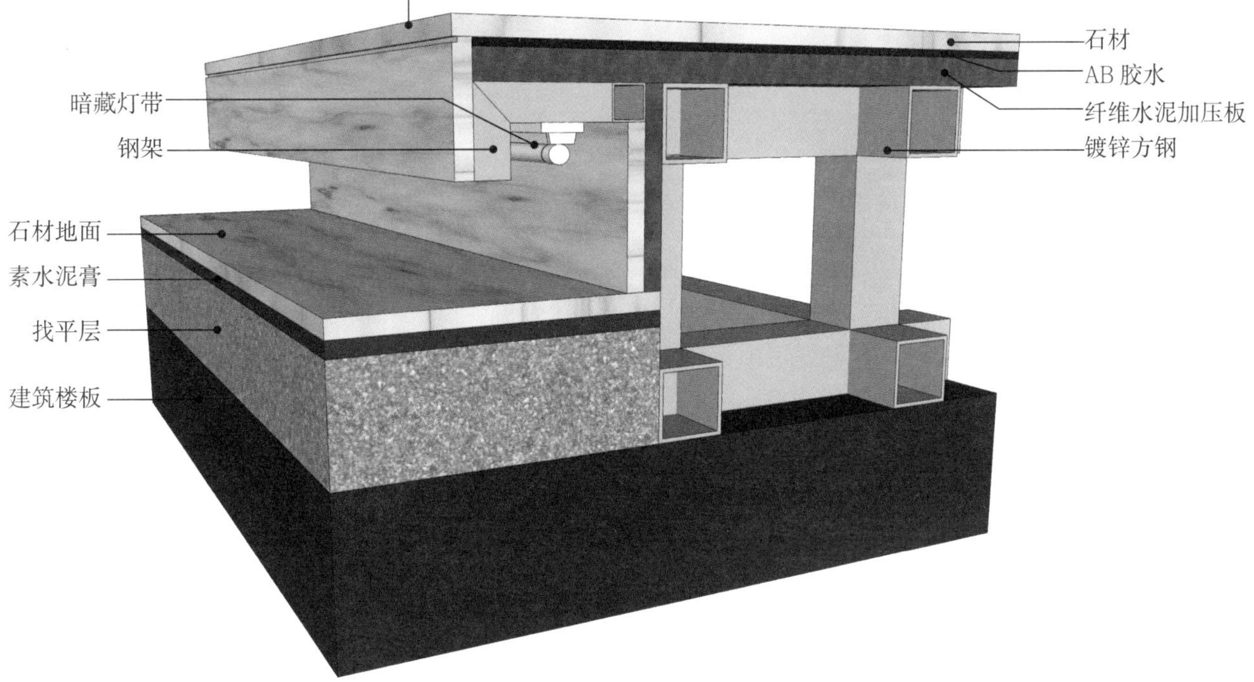

石材

AB 胶水

纤维水泥加压板

镀锌方钢

暗藏灯带

钢架

石材地面

素水泥膏

找平层

建筑楼板

石材地台暗藏灯带三维示意图解析

工艺解析

第一步：基层处理

第二步：找标高、弹线

第三步：安装镀锌方钢

根据地面上的标高和弹线，用镀锌方钢来搭建结构。

第四步：铺设找平层

铺细石混凝土做找平层，上下左右要对齐，不能出现一头长一头短，分布不均匀的情况让人觉得不协调，找平层一般为 50mm 或 40mm。

第五步：弹铺贴控制线

第六步：涂刷 AB 胶

将 A 胶和 B 胶按 1∶1 配比搅拌均匀，涂刷在石材的背面，注意 AB 胶不适于在低温的环境下施工，且固化时间需要几个小时，但黏合力很强。

第七步：铺贴地面的石材

第八步：安装纤维水泥加压板

纤维水泥加压板具有高强度，通常被用于建筑楼板，安装在地台上可以加强地台的承重能力，而且还防火、防腐、防水，让地台更加安全。

第九步：安装钢架

根据图纸中地台向外伸出的位置来安装钢架，保证这块位置的稳固性。

第十步：铺贴地台石材

第十一步：勾缝、灌缝

根据石材的颜色选择相同颜色的矿物颜料和水泥（或白水泥）拌和均匀，调成 1∶1 的稀水泥浆，用浆壶徐徐灌入板块的缝隙中，并用长把刮板把流出的水泥浆刮向缝隙内，至基本灌满为止。灌浆 1~2h 后，用棉纱团蘸原稀水泥浆擦缝与板面，将其擦平，同时将板面上的水泥浆擦净，使石材（或花岗石）面层的表面洁净、平整、坚实。

第十二步：安装灯带

石材地台暗藏灯带实景效果图

很多家居空间、商业空间或办公空间中都会使用地台的形式，通过台阶将空间抬高，不同的造型也能丰富空间中的层次感，更好地美化、拓展空间。除了室内空间，在门口或广场等空间也可以采用这种形式，注意地面材料要考虑其耐磨、耐潮等性能。

3.4
木地板地台内暗藏灯带

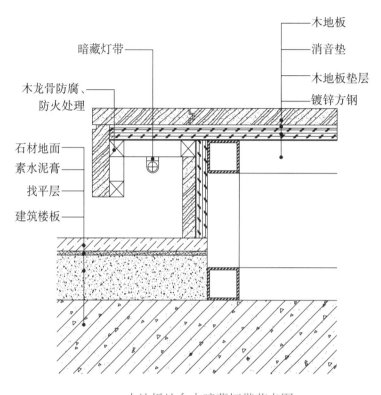

暗藏灯带
木地板
消音垫
木地板垫层
镀锌方钢
木龙骨防腐、
防火处理
石材地面
素水泥膏
找平层
建筑楼板

木地板地台内暗藏灯带节点图

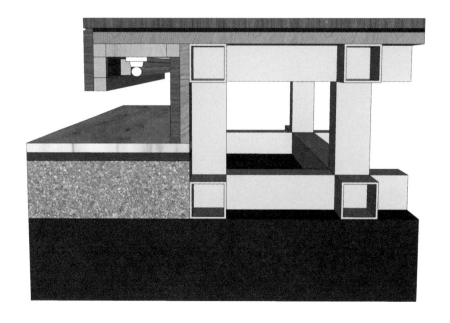

木地板地台内暗藏灯带三维示意图

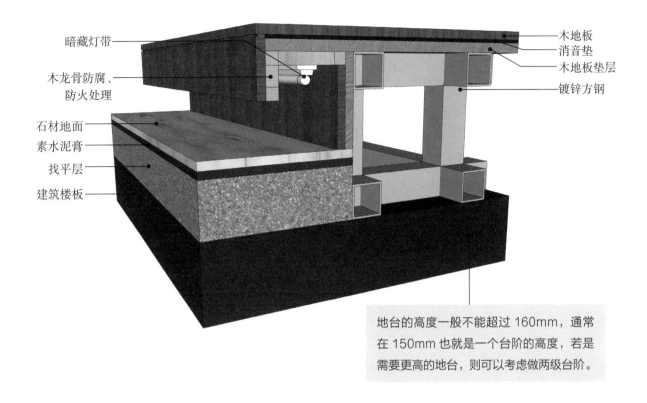

木地板

消音垫

木地板垫层

镀锌方钢

暗藏灯带

木龙骨防腐、防火处理

石材地面

素水泥膏

找平层

建筑楼板

地台的高度一般不能超过 160mm，通常在 150mm 也就是一个台阶的高度，若是需要更高的地台，则可以考虑做两级台阶。

木地板地台内暗藏灯带三维示意图解析

/ 地台的优缺点 /

优点：

① 收纳功能强

强大的收纳空间是地台的最大优点，可以将日常不常用的被褥、衣物等放在地台内，更好地解决家中物品收纳问题，对于小户型来说更为实用。

② 功能多样

地台可以做榻榻米，可以做休闲娱乐的区域，还能当沙发，放上小桌子就可以做餐厅。

③ 美观性强

地台让室内空间产生了高低差，从纵向上丰富了空间的层次感。

缺点：

① 易受潮

阴雨天较多的地区，地台特别容易受潮。

② 拿取物品不便

虽然有强大的收纳能力，但由于整体的设计，很容易将收纳空间做得过深，不方便物品拿取。

工艺解析

第一步：基层处理

先将基层清扫干净，并用水泥砂浆找平。弹线要求清晰、准确，不能有遗漏，同一水平要交圈；基层应干燥且做防腐处理（铺沥青油毡或防潮粉）。预埋件的位置、数量、牢固性要达到设计标准。

第二步：找标高、弹线

第三步：安装镀锌方钢

第四步：铺设找平层

地面的水平误差不能超过 2mm，超过则需要找平。如果地面不平整，不仅会导致整体地板不平整，还会有异响，严重影响地板质量。

第五步：弹铺贴控制线

第六步：铺贴石材

第七步：灌缝、擦缝

第八步：安装木地板衬垫

用自攻螺丝将木地板衬垫与镀锌方钢相连接，同时在木地板衬垫的背面开防变形拉槽。

第九步：安装木方

木方安装前做防火、防腐处理，制作骨架，解决边缘的承重问题。

第十步：铺设泡沫塑料衬垫

泡沫塑料衬垫有防潮的作用，防止地板发霉变形，通常满铺于地面。

第十一步：铺设木地板

从边角处开始铺设，先顺着地板竖向铺设，再并列横向铺设。铺设地板时不能太过用力，否则拼接处会凸起来。在固定地板时，要注意地板是否有端头裂缝、相邻地板高差过大或者拼板缝隙过大等问题。

第十二步：安装灯带

木地板地台内暗藏灯带实景效果图

木地板的地台通常被当作榻榻米使用，还可充当客卧，边缘处的灯光方便人起夜，既不会刺眼，还能够有效照亮地面。

3.5
内凹式踢脚线内暗藏灯带

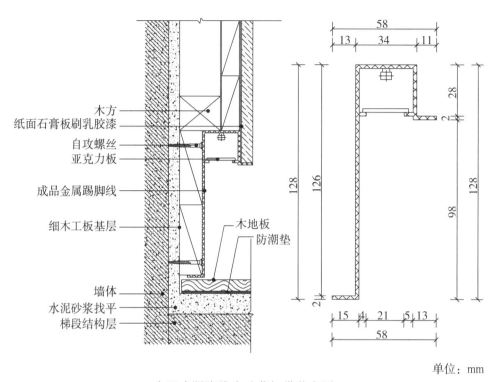

单位：mm

内凹式踢脚线内暗藏灯带节点图

木方
纸面石膏板刷乳胶漆
自攻螺丝
亚克力板
成品金属踢脚线
细木工板基层
木地板
防潮垫
墙体
水泥砂浆找平
梯段结构层

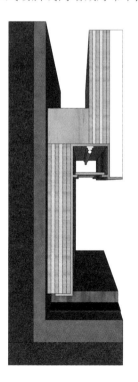

内凹式踢脚线内暗藏灯带三维示意图

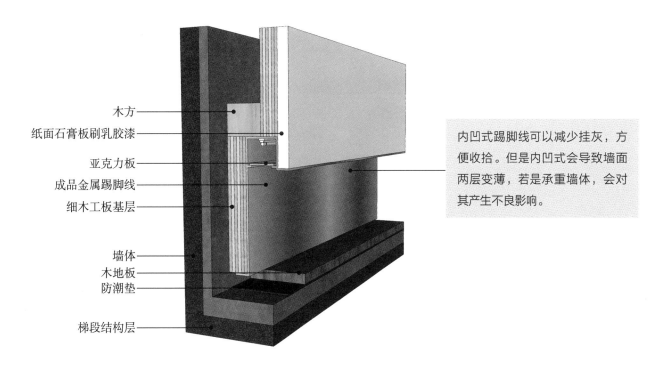

木方
纸面石膏板刷乳胶漆
亚克力板
成品金属踢脚线
细木工板基层

墙体
木地板
防潮垫

梯段结构层

内凹式踢脚线可以减少挂灰，方便收拾。但是内凹式会导致墙面两层变薄，若是承重墙体，会对其产生不良影响。

内凹式踢脚线内暗藏灯带三维示意图解析

工艺解析

撒防虫粉、铺防潮膜。防虫粉起防止地板起蛀虫的作用，可呈 U 形铺撒。防潮膜起防止地板发霉变形的作用，要满铺于地面。

用自攻螺丝将金属踢脚线和木基层进行固定。

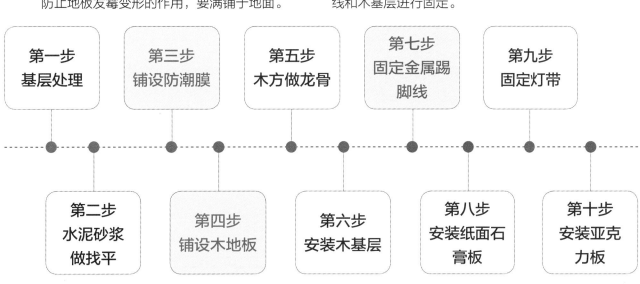

第一步 基层处理

第二步 水泥砂浆做找平

第三步 铺设防潮膜

第四步 铺设木地板

第五步 木方做龙骨

第六步 安装木基层

第七步 固定金属踢脚线

第八步 安装纸面石膏板

第九步 固定灯带

第十步 安装亚克力板

对于走廊、过道等部位，应顺着行走的方向铺设；而室内房间，应顺光线铺设。对于多数房间而言，顺光线方向与行走方向是一致的。

内凹式踢脚线比凸出的踢脚线更加美观，
更多地被使用在前台或一些隔断的下方。

内凹式踢脚线内暗藏灯带实景效果图

3.6
凹面式踢脚线内暗藏灯带

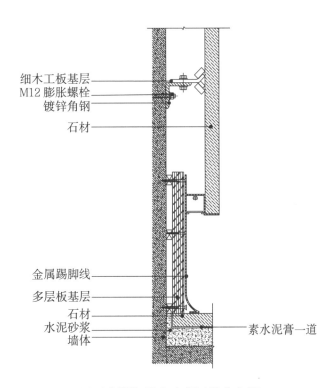

细木工板基层
M12 膨胀螺栓
镀锌角钢
石材

金属踢脚线
多层板基层
石材
水泥砂浆
墙体

素水泥膏一道

凹面式踢脚线内暗藏灯带节点图

凹面式踢脚线内暗藏灯带三维示意图

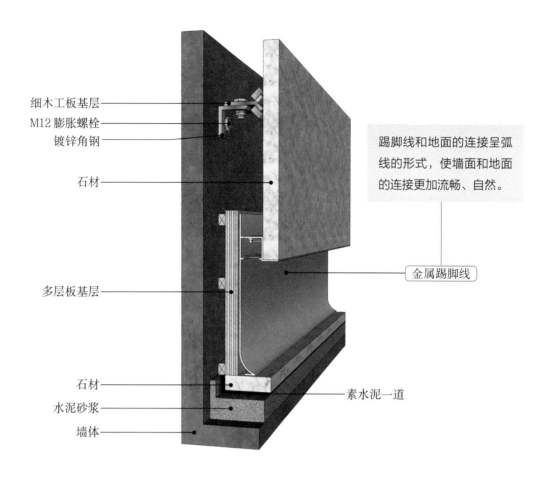

细木工板基层

M12 膨胀螺栓

镀锌角钢

石材

多层板基层

石材

水泥砂浆

墙体

踢脚线和地面的连接呈弧线的形式，使墙面和地面的连接更加流畅、自然。

金属踢脚线

素水泥一道

凹面式踢脚线内暗藏灯带三维示意图解析

工艺解析

木方在安装前要做好防腐、防火处理，再将其安装在墙面上，做踢脚线的木龙骨。

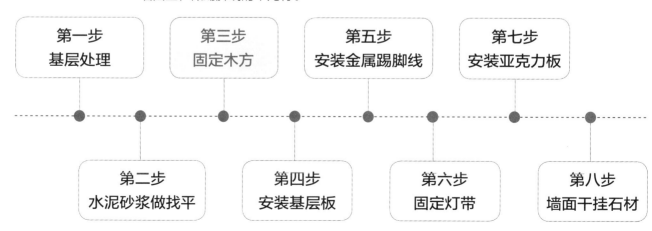

第一步
基层处理

第三步
固定木方

第五步
安装金属踢脚线

第七步
安装亚克力板

第二步
水泥砂浆做找平

第四步
安装基层板

第六步
固定灯带

第八步
墙面干挂石材

凹面式踢脚线内暗藏灯带实景效果图

弧面的踢脚线为了让装饰效果更好，通常
会比普通的踢脚线要稍高一些，如此其弧
面造型才会更加美观。

3.7
直面外凸式踢脚线内暗藏灯带

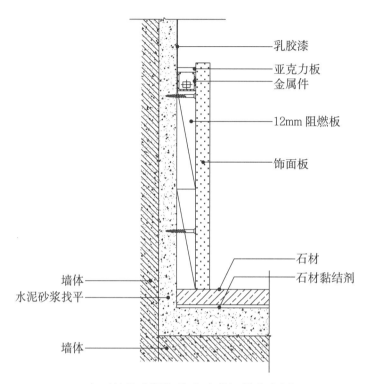

乳胶漆

亚克力板

金属件

12mm 阻燃板

饰面板

石材

石材黏结剂

墙体

水泥砂浆找平

墙体

直面外凸式踢脚线内暗藏灯带节点图

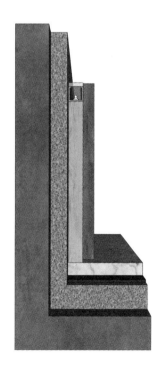

直面外凸式踢脚线内暗藏灯带三维示意图

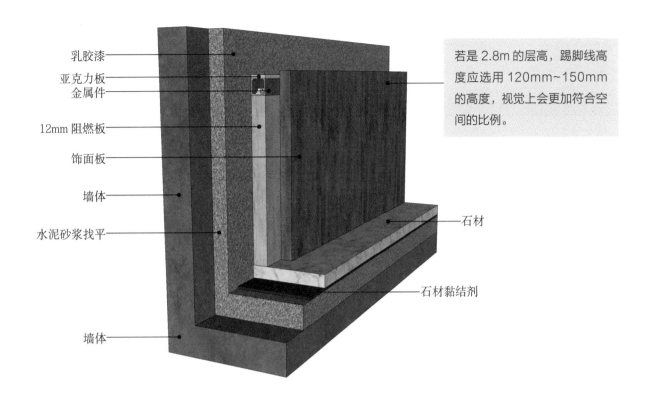

乳胶漆

亚克力板

金属件

12mm 阻燃板

饰面板

墙体

水泥砂浆找平

墙体

石材

石材黏结剂

若是 2.8m 的层高，踢脚线高度应选用 120mm~150mm 的高度，视觉上会更加符合空间的比例。

直面外凸式踢脚线内暗藏灯带三维示意图解析

工艺解析

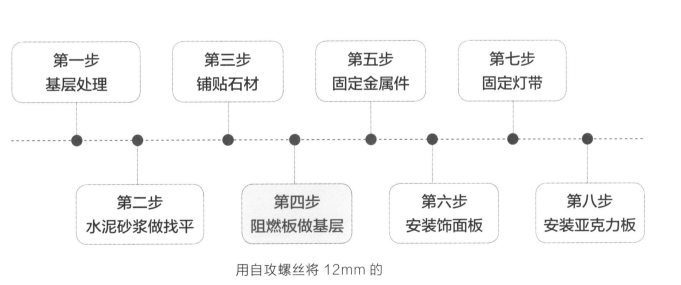

第一步
基层处理

第二步
水泥砂浆做找平

第三步
铺贴石材

第四步
阻燃板做基层

第五步
固定金属件

第六步
安装饰面板

第七步
固定灯带

第八步
安装亚克力板

用自攻螺丝将 12mm 的
阻燃板固定在墙面上。

直面外凸式踢脚线内暗藏灯带实景效果图

外凸踢脚线中的灯带往墙面上方打光，一般都是墙面有凸起装饰或者凹凸不平的墙面设计，用灯光来加强墙面上设计的立体感。

4

顶棚吸声节点

普通室内的空间内表面一般都是由平整坚硬的材料（如瓷砖等）构成的，因此室内有声音时，人们除了能听到声源传来的直达声外，还能听到空间各个表面多次反射所形成的反射声，人们耳中的声音就会比直达声要大，吸声材料则可以吸收房间内的一部分反射声，减弱声音在室内的反复反射。在一些对声学性能有要求的场所，如会议室等空间中，常常会使用吸声材料。本章针对不同吸声材料和结构进行详细的解析。

4.1
穿孔石膏板顶棚

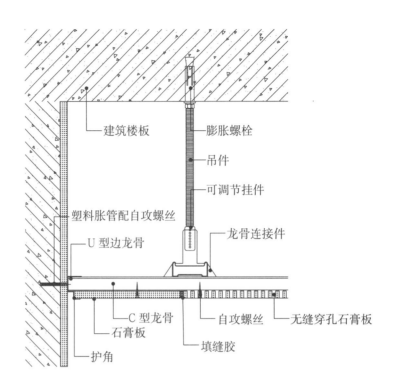

建筑楼板　　膨胀螺栓

吊件

可调节挂件

塑料胀管配自攻螺丝　　龙骨连接件

U 型边龙骨

C 型龙骨　　自攻螺丝　　无缝穿孔石膏板

石膏板　　填缝胶

护角

穿孔石膏板顶棚节点图

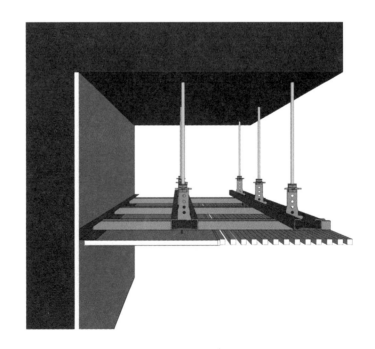

穿孔石膏板顶棚三维示意图

扫 / 码 / 观 / 看
"穿孔石膏板顶棚"三维
节点动图

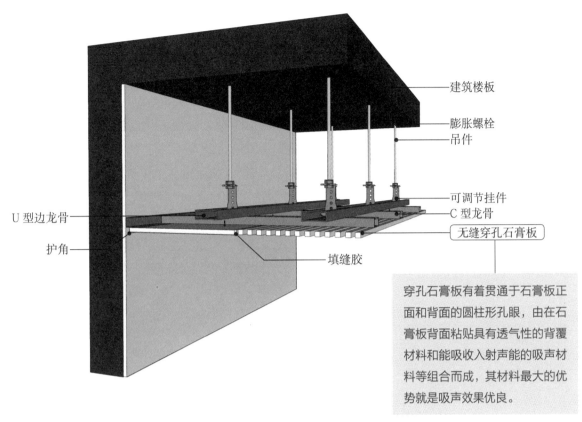

建筑楼板

膨胀螺栓
吊件

可调节挂件
C 型龙骨

无缝穿孔石膏板

U 型边龙骨

护角

填缝胶

穿孔石膏板有着贯通于石膏板正面和背面的圆柱形孔眼，由在石膏板背面粘贴具有透气性的背覆材料和能吸收入射声能的吸声材料等组合而成，其材料最大的优势就是吸声效果优良。

穿孔石膏板顶棚三维示意图解析

/ 常见的吸声板分类 /

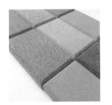

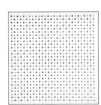

木质吸声板

适用于既要求有木材装潢及温暖效果，又有声学要求的场所

木丝吸声板

适用于对音质环境要求比较高的场所，展现高品位的公众形象，增添温暖和谐的商务及办公氛围

布艺吸声板

适用于需要隔音、吸音又想能有装饰氛围的场所，如电视墙、会议室、录音室等位置

聚酯纤维吸声板

适用于矿山作业、建筑工地、马达消音、大型器械运作环境等对声学要求较严格的场所

矿棉吸声板

适用于需要隔音、吸音的场所，如会议室、影音室、电视墙等位置

穿孔石膏板

适用于需要隔音的场所，成本较低，通常会被大面积使用在办公室等空间中

工艺解析

第一步	第二步	第三步
定高度、放线	固定吊杆	安装可调节挂件

根据设计图纸中标识的高度，在墙体的四周进行弹线，并标记吊件的安装位置。

用膨胀螺栓将吊件固定在建筑楼板上。

第六步	第五步	第四步
安装边龙骨	安装主龙骨	固定龙骨连接件

边龙骨采用 U 型龙骨，用自攻螺丝将其与墙面完成面进行固定。

第七步	第八步	第九步
安装次龙骨	安装石膏板	安装穿孔石膏板

第十一步	第十步
固定护角条	填缝

在石膏板与墙面接触以及边角的位置固定护角条，以保护石膏板，防止开裂。

白色吸声板呈条状，在视觉上延伸
了顶棚，进而扩大空间。

穿孔石膏板顶棚实景效果图

4.2
木丝吸声板顶棚

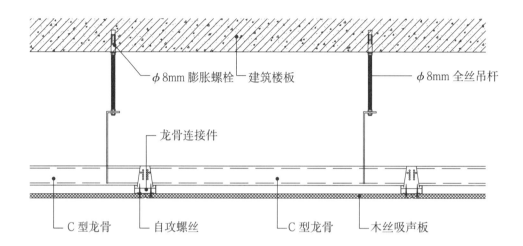

木丝吸声板顶棚节点图

ϕ8mm 膨胀螺栓   建筑楼板 ϕ8mm 全丝吊杆

龙骨连接件

C 型龙骨   自攻螺丝   C 型龙骨   木丝吸声板

扫 / 码 / 观 / 看
"木丝吸声板顶棚"三维
节点动图

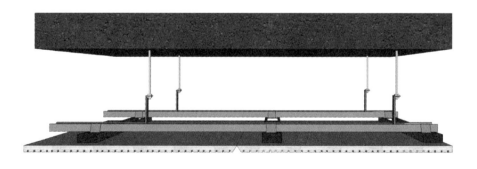

木丝吸声板顶棚三维示意图

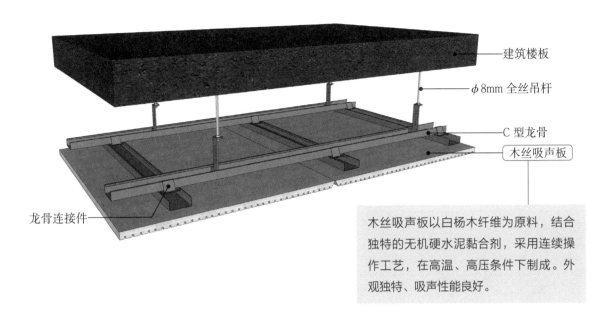

建筑楼板

φ8mm 全丝吊杆

C 型龙骨

木丝吸声板

龙骨连接件

木丝吸声板以白杨木纤维为原料，结合独特的无机硬水泥黏合剂，采用连续操作工艺，在高温、高压条件下制成。外观独特、吸声性能良好。

木丝吸声板顶棚三维示意图解析

工艺解析

测量墙面尺寸，确认安装的位置，确定水平线和垂直线，并确定电线插口、管子等物体的切空预留尺寸。

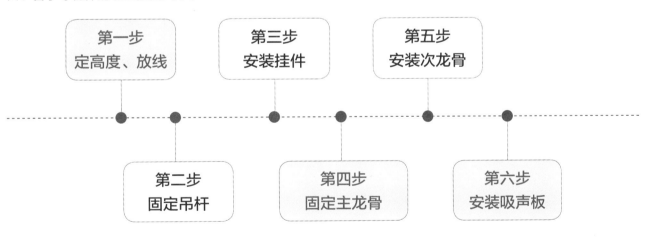

| 第一步 定高度、放线 | 第三步 安装挂件 | 第五步 安装次龙骨 |
| 第二步 固定吊杆 | 第四步 固定主龙骨 | 第六步 安装吸声板 |

主龙骨采用 C 型龙骨。

按照施工现场的实际尺寸计算并裁开部分吸声板，若是对立面上有对称要求的，尤其要注意裁开部分吸声板的尺寸，来保证两边的对称，并为电线插口、管子等物体切空预留。在两块板的交接处采取龙骨连接件进行固定和连接，接缝处的位置做海棠角。

原木色的木丝吸声板与空间中的椅子、柜体、背景墙等相呼应，同时与白色地面、墙面搭配，让空间色调更加干净，给人以放松、舒适的感觉。

木丝吸声板顶棚实景效果图

4.3
玻璃纤维吸声板顶棚

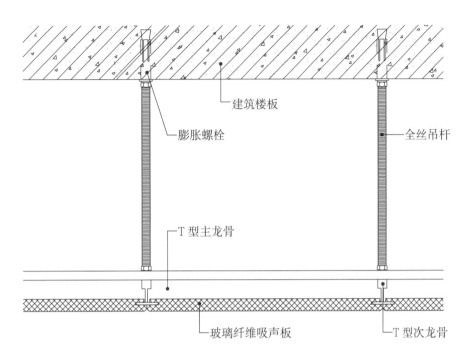

建筑楼板

膨胀螺栓

全丝吊杆

T 型主龙骨

玻璃纤维吸声板

T 型次龙骨

玻璃纤维吸声板顶棚节点图

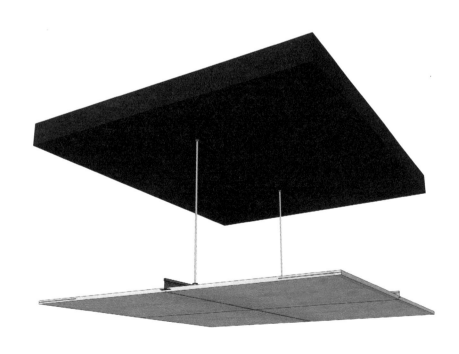

玻璃纤维吸声板顶棚三维示意图

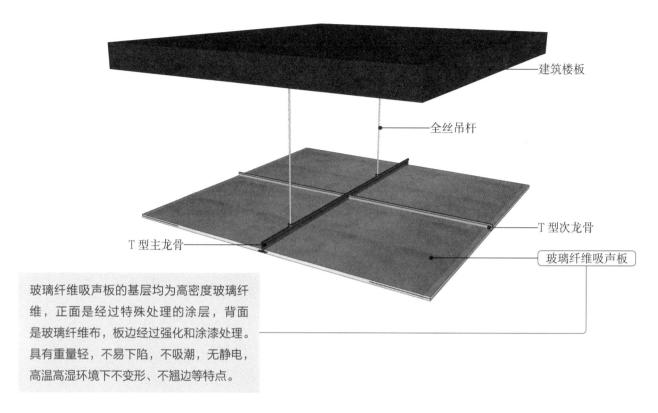

建筑楼板

全丝吊杆

T 型次龙骨

T 型主龙骨

玻璃纤维吸声板

玻璃纤维吸声板的基层均为高密度玻璃纤维，正面是经过特殊处理的涂层，背面是玻璃纤维布，板边经过强化和涂漆处理。具有重量轻，不易下陷，不吸潮，无静电，高温高湿环境下不变形、不翘边等特点。

玻璃纤维吸声板顶棚三维示意图解析

工艺解析

主龙骨采用 T 型龙骨，T
型龙骨一般适用于矿棉板、硅
钙板及吸声板等材料。

| 第一步 | 第三步 | 第五步 |
| 定高度、放线 | 安装主龙骨 | 安装吸声板 |

| 第二步 | 第四步 |
| 固定吊杆 | 安装次龙骨 |

玻璃纤维吸声板吸声功能较强，常被用
于办公建筑、剧院等空间内。

玻璃纤维吸声板顶棚实景效果图

4.4
AGG 无缝吸声（穿孔石膏板基层）顶棚

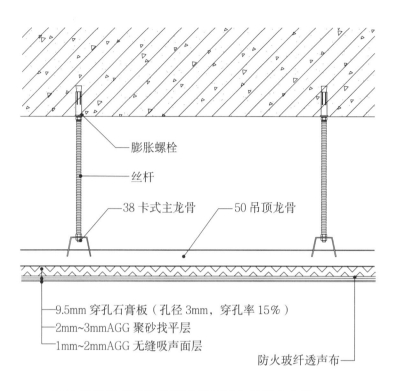

膨胀螺栓

丝杆

38 卡式主龙骨 ——— 50 吊顶龙骨

—9.5mm 穿孔石膏板（孔径 3mm，穿孔率 15%）
—2mm~3mmAGG 聚砂找平层
—1mm~2mmAGG 无缝吸声面层

防火玻纤透声布—

AGG 无缝吸声（穿孔石膏板基层）顶棚节点图

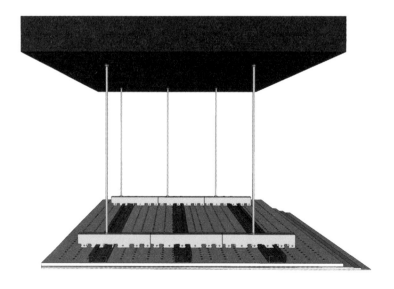

AGG 无缝吸声（穿孔石膏板基层）顶棚三维示意图

扫 / 码 / 观 / 看
"AGG 无缝吸声（穿孔石
膏板基层）顶棚"三维
节点动图

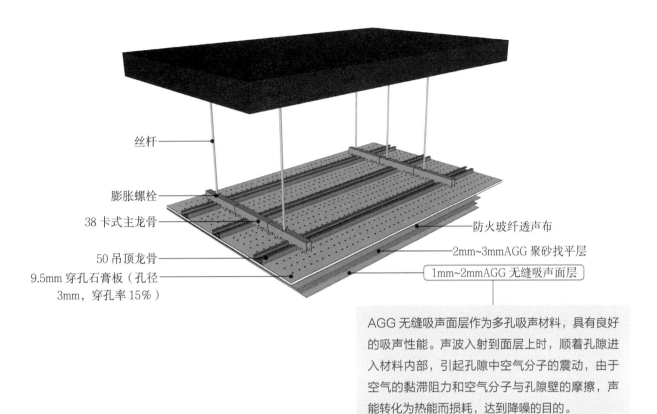

丝杆

膨胀螺栓

38 卡式主龙骨

50 吊顶龙骨

9.5mm 穿孔石膏板（孔径 3mm，穿孔率 15%）

防火玻纤透声布

2mm~3mmAGG 聚砂找平层

1mm~2mmAGG 无缝吸声面层

AGG 无缝吸声面层作为多孔吸声材料，具有良好的吸声性能。声波入射到面层上时，顺着孔隙进入材料内部，引起孔隙中空气分子的震动，由于空气的黏滞阻力和空气分子与孔隙壁的摩擦，声能转化为热能而损耗，达到降噪的目的。

AGG 无缝吸声（穿孔石膏板基层）顶棚三维示意图解析

工艺解析

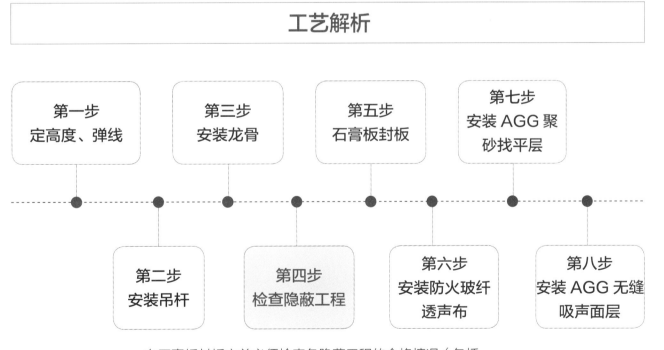

第一步 定高度、弹线

第二步 安装吊杆

第三步 安装龙骨

第四步 检查隐蔽工程

第五步 石膏板封板

第六步 安装防火玻纤透声布

第七步 安装 AGG 聚砂找平层

第八步 安装 AGG 无缝吸声面层

在石膏板封板之前必须检查各隐蔽工程的合格情况（包括水电工程、墙面楼板等是否有隐患或者残缺的情况）。检查龙骨架的受力情况，灯位的放线是否影响封板等。中央空调的室内盘管工程由中央空调专业人员到现场试机检查是否合格。

无缝的吸声面层能够达到吸声效果的同时，还不影响顶棚的装饰效果，适用于卧室这类安静的家居空间以及会议中心、报告厅等公共场所中。

AGG 无缝吸声（穿孔石膏板基层）顶棚实景效果图

4.5
AGG 无缝吸声（聚砂吸声板基层）顶棚

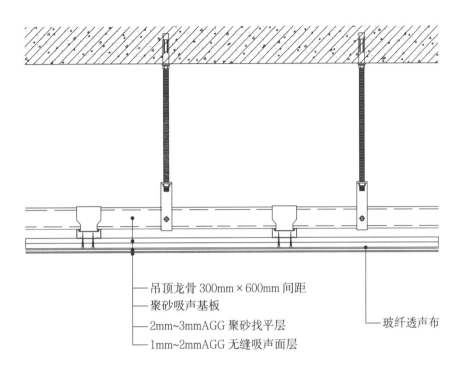

— 吊顶龙骨 300mm×600mm 间距
— 聚砂吸声基板
— 2mm~3mmAGG 聚砂找平层
— 1mm~2mmAGG 无缝吸声面层

— 玻纤透声布

AGG 无缝吸声（聚砂吸声板基层）顶棚节点图

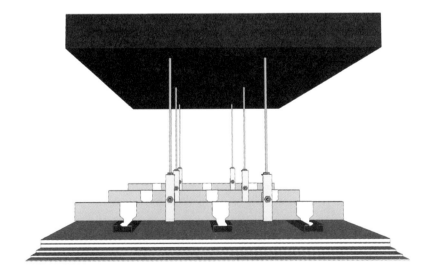

扫 / 码 / 观 / 看
"AGG 无缝吸声（聚砂吸
声板基层）顶棚"三维
节点动图

AGG 无缝吸声（聚砂吸声板基层）顶棚三维示意图

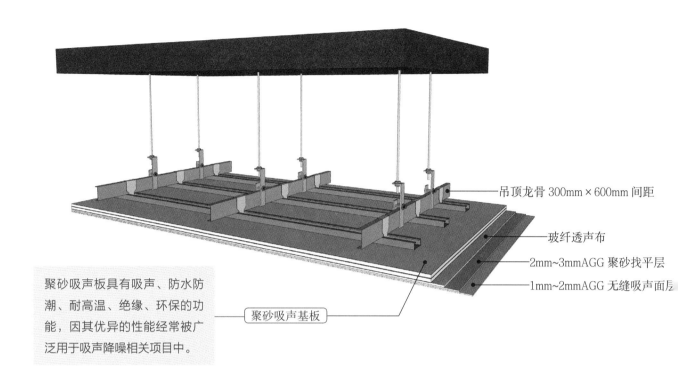

聚砂吸声板具有吸声、防水防潮、耐高温、绝缘、环保的功能，因其优异的性能经常被广泛用于吸声降噪相关项目中。

吊顶龙骨 300mm×600mm 间距
玻纤透声布
2mm~3mmAGG 聚砂找平层
1mm~2mmAGG 无缝吸声面层
聚砂吸声基板

AGG 无缝吸声（聚砂吸声板基层）顶棚三维示意图解析

工艺解析

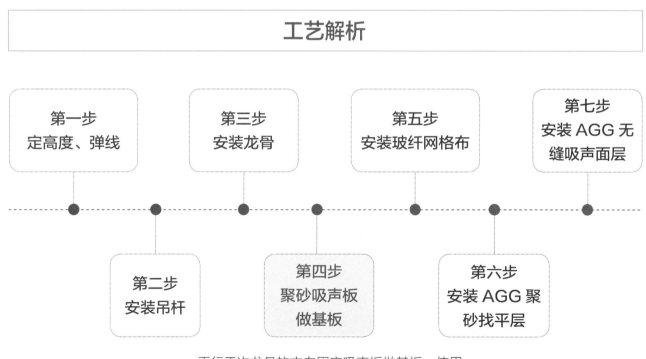

第一步
定高度、弹线

第二步
安装吊杆

第三步
安装龙骨

第四步
聚砂吸声板做基板

第五步
安装玻纤网格布

第六步
安装 AGG 聚砂找平层

第七步
安装 AGG 无缝吸声面层

平行于次龙骨的方向固定吸声板做基板，使用自攻螺丝安装，顶上部分空间全部为吸声空腔，最大限度地提升 AGG 无缝吸声材料的声学性能。

此构造是最常见的无缝吸声构造，
适用于大型厅堂和大空间的顶棚
和墙面吸声装饰工程。

AGG 无缝吸声（聚砂吸声板基层）顶棚实景效果图

4.6
吸声模块平板顶棚（直角边）

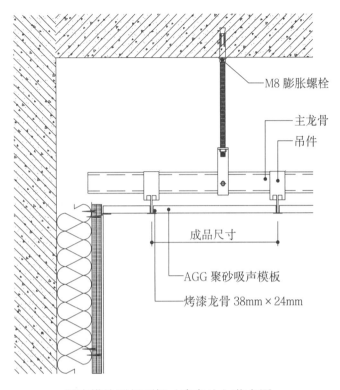

M8 膨胀螺栓

主龙骨

吊件

成品尺寸

AGG 聚砂吸声模板

烤漆龙骨 38mm×24mm

吸声模块平板顶棚（直角边）节点图

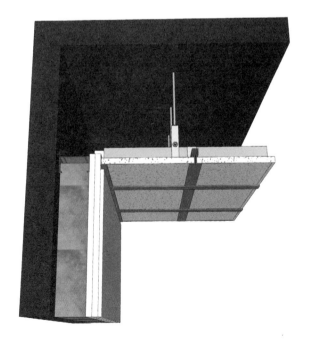

吸声模块平板顶棚（直角边）三维示意图

扫 / 码 / 观 / 看
"吸声模块平板顶棚（直
角边）"三维节点动图

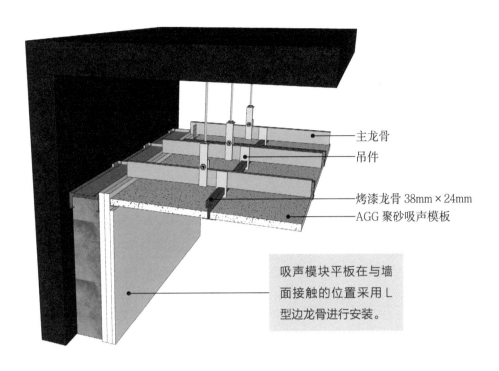

主龙骨

吊件

烤漆龙骨 38mm×24mm

AGG 聚砂吸声模板

吸声模块平板在与墙面接触的位置采用 L 型边龙骨进行安装。

吸声模块平板顶棚（直角边）三维示意图解析

工艺解析

吸声棉应铺满铺平，其与石膏板的安装应同时进行。

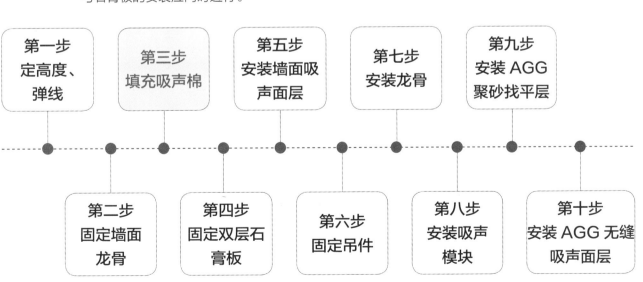

第一步
定高度、弹线

第二步
固定墙面龙骨

第三步
填充吸声棉

第四步
固定双层石膏板

第五步
安装墙面吸声面层

第六步
固定吊件

第七步
安装龙骨

第八步
安装吸声模块

第九步
安装 AGG 聚砂找平层

第十步
安装 AGG 无缝吸声面层

直角边的形式会让 T 型龙骨在
顶棚上有局部裸露，但不影响空
间的装饰性，通常被用于会议室、
报告厅等大型空间中。

吸声模块平板顶棚（直角边）实景效果图

4.7
吸声模块平板顶棚（跌级边）

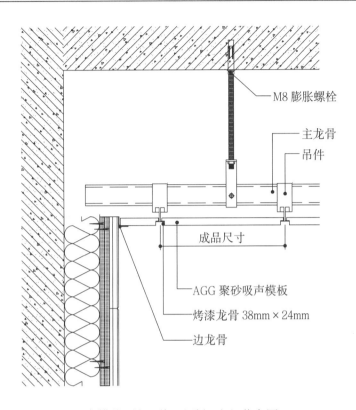

- M8 膨胀螺栓
- 主龙骨
- 吊件
- 成品尺寸
- AGG 聚砂吸声模板
- 烤漆龙骨 38mm×24mm
- 边龙骨

吸声模块平板顶棚（跌级边）节点图

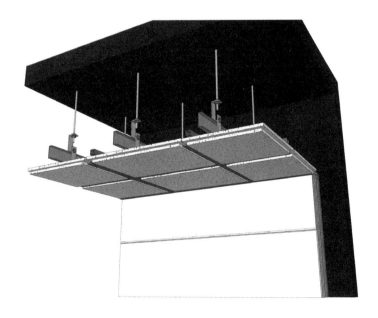

吸声模块平板顶棚（跌级边）三维示意图

扫 / 码 / 观 / 看
"吸声模块平板顶棚（跌
级边）"三维节点动图

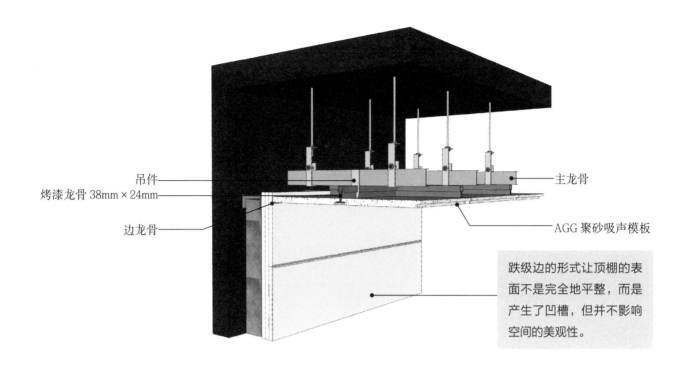

吊件

烤漆龙骨 38mm×24mm

边龙骨

主龙骨

AGG 聚砂吸声模板

跌级边的形式让顶棚的表面不是完全地平整，而是产生了凹槽，但并不影响空间的美观性。

吸声模块平板顶棚（跌级边）三维示意图解析

工艺解析

与吸声模块相接的次龙骨采用 38mm×24mm 的烤漆龙骨进行安装。

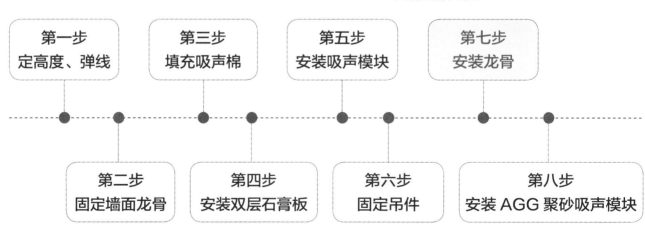

第一步 定高度、弹线	第三步 填充吸声棉	第五步 安装吸声模块	第七步 安装龙骨
第二步 固定墙面龙骨	第四步 安装双层石膏板	第六步 固定吊件	第八步 安装 AGG 聚砂吸声模块

浅灰色的吸声模块和白色石膏板
共同构成了走廊区域的顶棚，白
色的部分压缩了灰色，使走廊更
加具有进深感。

吸声模块平板顶棚（跌级边）实景效果图

4.8
吸声模块平板顶棚（暗插边）

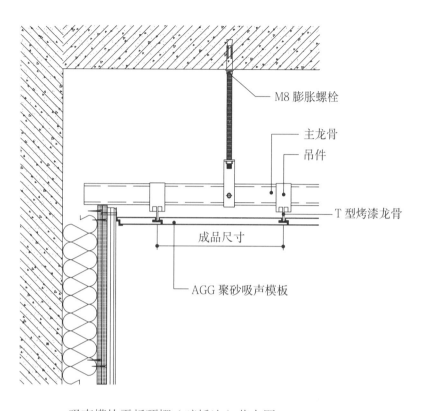

—— M8 膨胀螺栓

—— 主龙骨
—— 吊件

—— T 型烤漆龙骨

成品尺寸

—— AGG 聚砂吸声模板

吸声模块平板顶棚（暗插边）节点图

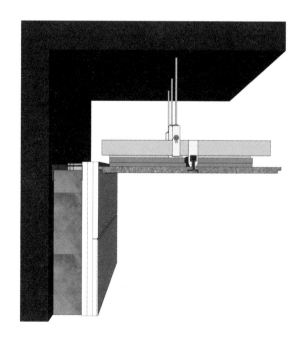

吸声模块平板顶棚（暗插边）三维示意图

扫 / 码 / 观 / 看
"吸声模块平板顶棚（暗
插边）"三维节点动图

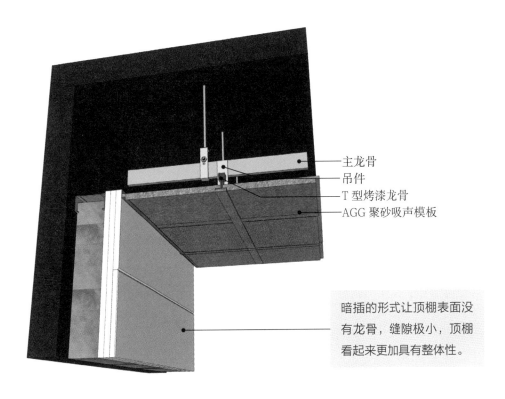

主龙骨
吊件
T 型烤漆龙骨
AGG 聚砂吸声模板

暗插的形式让顶棚表面没有龙骨，缝隙极小，顶棚看起来更加具有整体性。

吸声模块平板顶棚（暗插边）三维示意图解析

工艺解析

安装龙骨时应注意，边龙骨要选用 W 型边龙骨，能够完美贴合暗插式吸声模块的边缘，使其更加稳固。

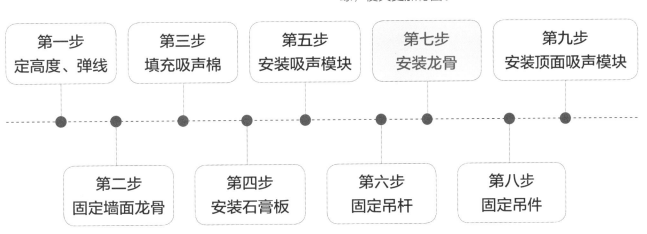

第一步
定高度、弹线

第二步
固定墙面龙骨

第三步
填充吸声棉

第四步
安装石膏板

第五步
安装吸声模块

第六步
固定吊杆

第七步
安装龙骨

第八步
固定吊件

第九步
安装顶面吸声模块

黄色的吸声面层给灰色为主调的空
间添加了暖色，避免整体空间色调
过冷，给人带来不舒适的感觉。

吸声模块平板顶棚（暗插边）实景效果图

4.9
吸声模块平板顶棚（立体凹槽）

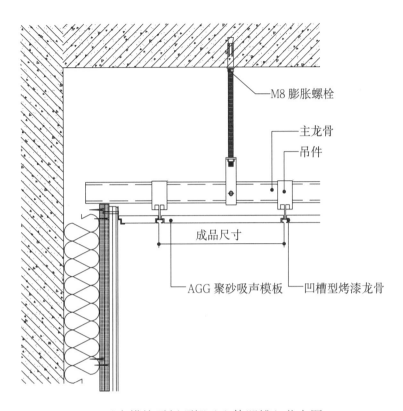

M8 膨胀螺栓

主龙骨

吊件

成品尺寸

AGG 聚砂吸声模板　　凹槽型烤漆龙骨

吸声模块平板顶棚（立体凹槽）节点图

扫 / 码 / 观 / 看
"吸声模块平板顶棚（立
体凹槽）"三维节点动图

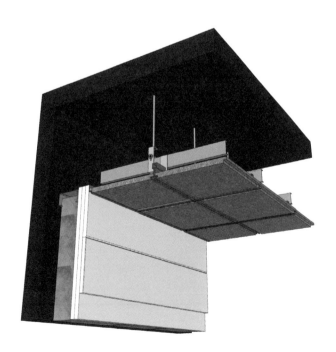

吸声模块平板顶棚（立体凹槽）三维示意图

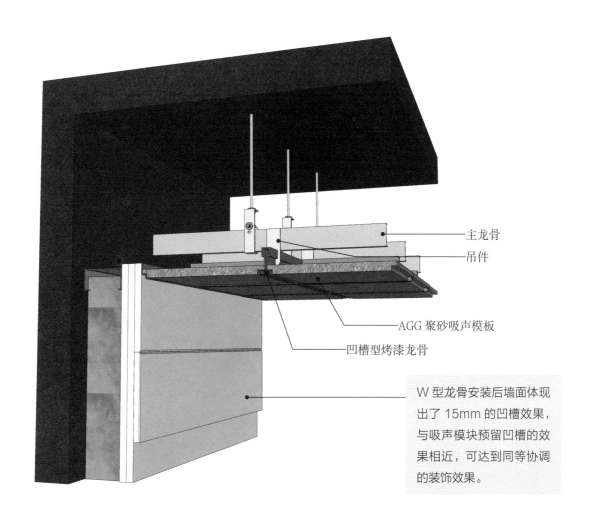

主龙骨

吊件

AGG 聚砂吸声模板

凹槽型烤漆龙骨

W 型龙骨安装后墙面体现
出了 15mm 的凹槽效果,
与吸声模块预留凹槽的效
果相近,可达到同等协调
的装饰效果。

注:该做法与吸声模块平板顶棚(暗插边)的安装步骤大致相同,只不过将 T 型烤漆龙
骨换为了凹槽型烤漆龙骨,详细步骤请见第 147 页吸声模块平板顶棚(暗插边)中的工艺
解析。

吸声模块平板顶棚(立体凹槽)三维示意图解析

灰色的顶棚和侧边的太阳光照形成了
鲜明的对比，光线映照在地面上和墙
面引光做出的光影效果结合，让空间
充满温暖、干净的氛围。

吸声模块平板顶棚（立体凹槽）实景效果图

4.10
曲面聚砂吸声反支撑顶棚

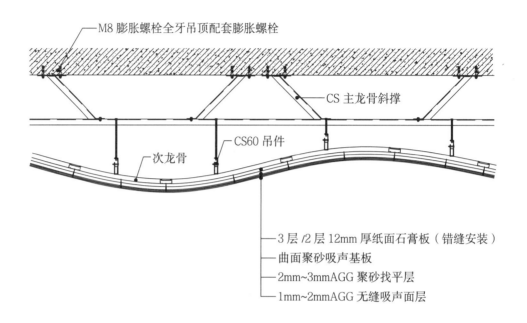

M8 膨胀螺栓全牙吊顶配套膨胀螺栓

CS 主龙骨斜撑

CS60 吊件

次龙骨

3 层 /2 层 12mm 厚纸面石膏板（错缝安装）

曲面聚砂吸声基板

2mm~3mmAGG 聚砂找平层

1mm~2mmAGG 无缝吸声面层

曲面聚砂吸声反支撑顶棚节点图

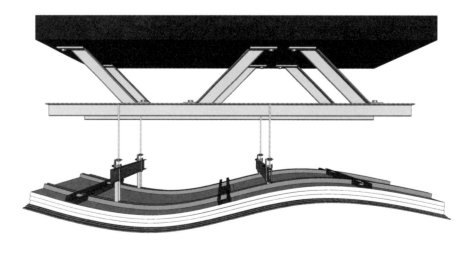

扫 / 码 / 观 / 看
"曲面聚砂吸声反支撑顶
棚"三维节点动图

曲面聚砂吸声反支撑顶棚三维示意图

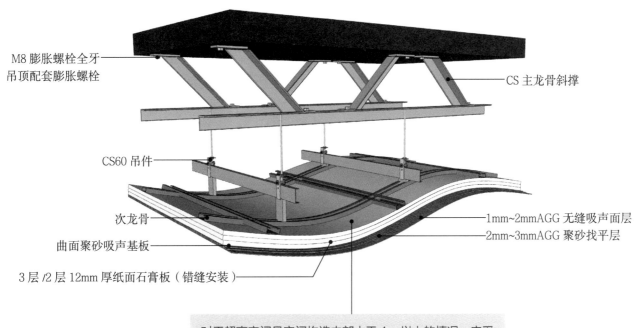

M8 膨胀螺栓全牙
吊顶配套膨胀螺栓

CS 主龙骨斜撑

CS60 吊件

次龙骨

曲面聚砂吸声基板

3 层 /2 层 12mm 厚纸面石膏板（错缝安装）

1mm~2mmAGG 无缝吸声面层
2mm~3mmAGG 聚砂找平层

对于超高空间且空间构造内部大于 1m 以上的情况，应采用反支撑节点工艺进行施工，能够有效地确保顶棚空间的强度，预防顶棚变形，增强主龙骨的荷载重量。

曲面聚砂吸声反支撑顶棚三维示意图解析

工艺解析

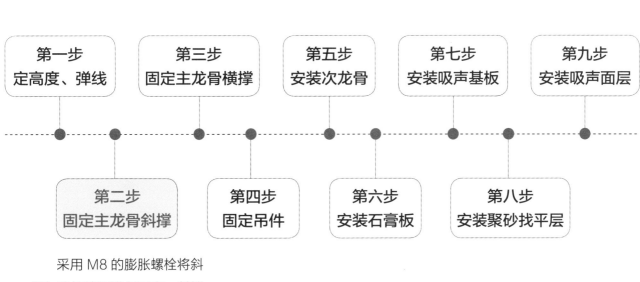

| 第一步 定高度、弹线 | 第三步 固定主龙骨横撑 | 第五步 安装次龙骨 | 第七步 安装吸声基板 | 第九步 安装吸声面层 |

| 第二步 固定主龙骨斜撑 | 第四步 固定吊件 | 第六步 安装石膏板 | 第八步 安装聚砂找平层 |

采用 M8 的膨胀螺栓将斜撑与建筑楼板进行固定，斜撑与横撑形成的角度为 45°。

此节点采用三层或双层石膏板进行错
缝安装，以达到隔声的目的。适用于
剧场、剧院等对隔声要求较高的场所，
能有效地降低室内背景噪声。

曲面聚砂吸声反支撑顶棚实景效果图

4.11
扩散吸声反支撑顶棚

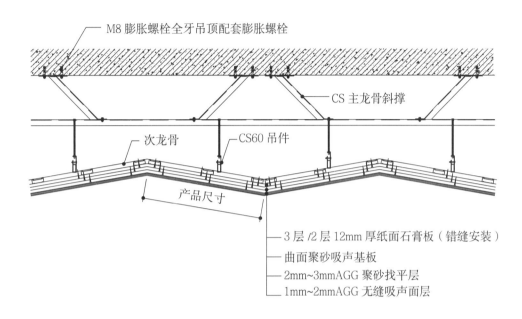

M8 膨胀螺栓全牙吊顶配套膨胀螺栓

CS 主龙骨斜撑

次龙骨   CS60 吊件

产品尺寸

3 层 /2 层 12mm 厚纸面石膏板（错缝安装）
曲面聚砂吸声基板
2mm~3mmAGG 聚砂找平层
1mm~2mmAGG 无缝吸声面层

扩散吸声反支撑顶棚节点图

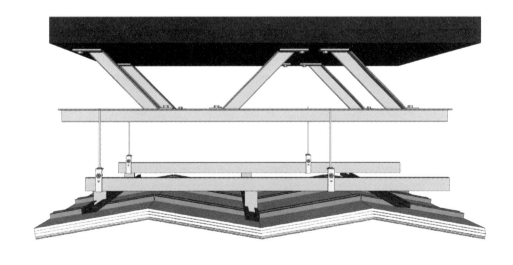

扫 / 码 / 观 / 看
"扩散吸声反支撑顶棚"
三维节点动图

扩散吸声反支撑顶棚三维示意图

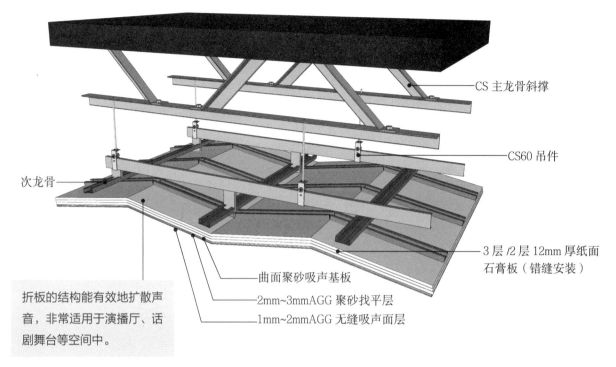

CS 主龙骨斜撑

CS60 吊件

次龙骨

3 层 /2 层 12mm 厚纸面石膏板（错缝安装）

曲面聚砂吸声基板

2mm~3mmAGG 聚砂找平层

1mm~2mmAGG 无缝吸声面层

折板的结构能有效地扩散声音，非常适用于演播厅、话剧舞台等空间中。

扩散吸声反支撑顶棚三维示意图解析

工艺解析

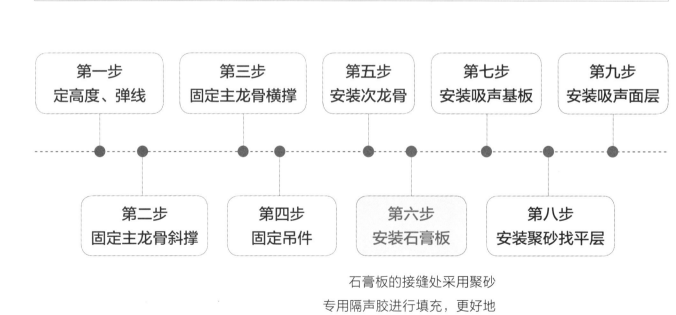

第一步
定高度、弹线

第二步
固定主龙骨斜撑

第三步
固定主龙骨横撑

第四步
固定吊件

第五步
安装次龙骨

第六步
安装石膏板

第七步
安装吸声基板

第八步
安装聚砂找平层

第九步
安装吸声面层

石膏板的接缝处采用聚砂专用隔声胶进行填充，更好地达到隔声的目的。

折板的形式在一些别墅的 KTV 房
间中也可以使用。

扩散吸声反支撑顶棚实景效果图

4.12
格栅弧形吸声反支撑顶棚

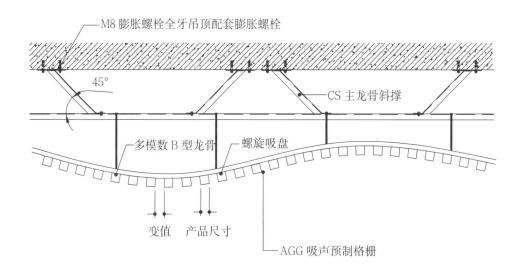

M8 膨胀螺栓全牙吊顶配套膨胀螺栓

45°

CS 主龙骨斜撑

多模数 B 型龙骨　螺旋吸盘

变值　产品尺寸

AGG 吸声预制格栅

格栅弧形吸声反支撑顶棚节点图

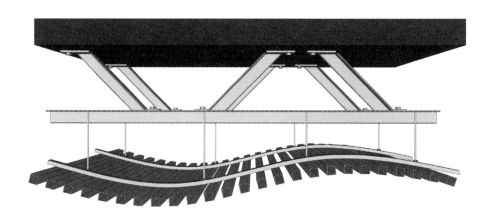

格栅弧形吸声反支撑顶棚三维示意图

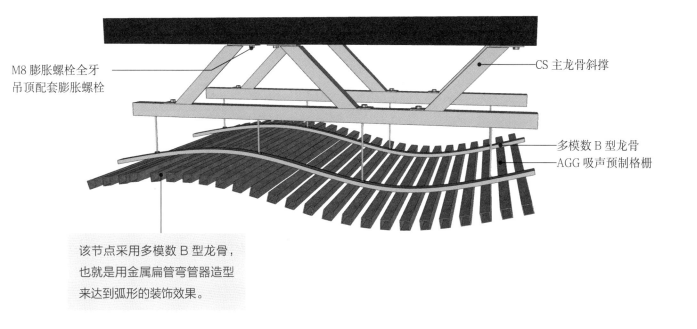

M8 膨胀螺栓全牙
吊顶配套膨胀螺栓

CS 主龙骨斜撑

多模数 B 型龙骨
AGG 吸声预制格栅

该节点采用多模数 B 型龙骨，
也就是用金属扁管弯管器造型
来达到弧形的装饰效果。

格栅弧形吸声反支撑顶棚三维示意图解析

工艺解析

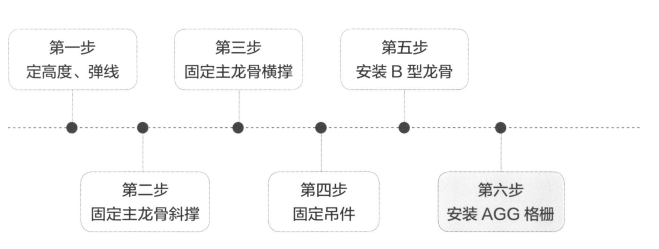

第一步
定高度、弹线

第三步
固定主龙骨横撑

第五步
安装 B 型龙骨

第二步
固定主龙骨斜撑

第四步
固定吊件

第六步
安装 AGG 格栅

通过螺旋弹簧来固定 AGG 吸声预
制格栅，让格栅与多模数 B 型龙骨的造
型达到一致，如此既可以达到吸声的目
的，同时装饰效果也很美观。

波浪状的格栅给顶棚增加了动态感，
比起死板的平面顶棚，空间会更加
具有流动性。

格栅弧形吸声反支撑顶棚实景效果图

5

墙柱面隔声节点

　　隔声与吸声不同，隔声是指减弱或隔断声波传递，能够有效地隔绝噪声向相邻房间的传递，避免相邻房间受到噪声的困扰。隔声结构通常被安装在墙面或柱面上，与吸声处理过的顶棚结合在一起，能够提高降噪的效果。隔声性能的好坏能通过声能相差的分贝数表示，差值越大，隔声性能越好，例如隔声量 40dB 的墙面隔声性能比隔声量 38dB 的墙面要强。

　　隔声结构通常被使用在民用建筑、剧场、影院、医院建筑、旅馆建筑、办公建筑、学校建筑中。本章针对不同隔声量的墙柱面进行讲解。

5.1
石膏板隔墙（隔声量 38dB）

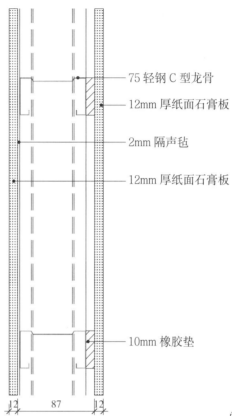

75 轻钢 C 型龙骨

12mm 厚纸面石膏板

2mm 隔声毡

12mm 厚纸面石膏板

10mm 橡胶垫

12 87 12

单位：mm

石膏板隔墙（隔声量 38dB）节点图

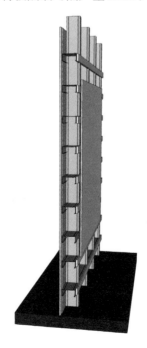

石膏板隔墙（隔声量 38dB）三维示意图

扫 / 码 / 观 / 看
"石膏板隔墙（隔声量
38dB）"三维节点动图

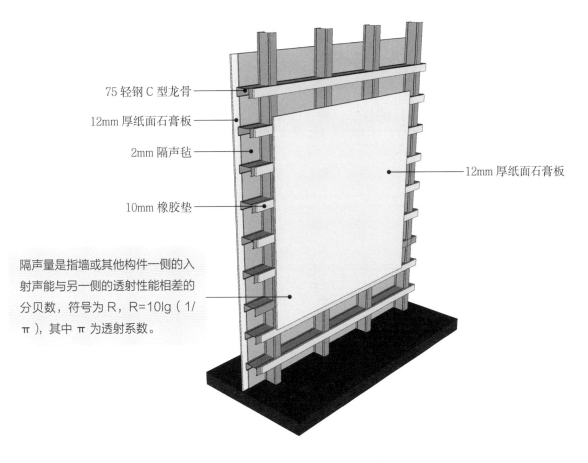

75 轻钢 C 型龙骨

12mm 厚纸面石膏板

2mm 隔声毡

10mm 橡胶垫

12mm 厚纸面石膏板

隔声量是指墙或其他构件一侧的入射声能与另一侧的透射性能相差的分贝数，符号为 R，R=10lg（1/π），其中 π 为透射系数。

石膏板隔墙（隔声量 38dB）三维示意图解析

/ 住宅建筑的允许噪声级 /

① 卧室、起居室（厅）内的允许噪声级，应符合下表中的规定。

房间名称	允许噪声级（A 声级）/dB	
	昼间	夜间
卧室	≤ 45	≤ 37
起居室（厅）	≤ 45	

② 高要求住宅的卧室、起居室（厅）内的允许噪声级，应符合下表中的规定。

房间名称	允许噪声级（A 声级）/dB	
	昼间	夜间
卧室	≤ 40	≤ 30
起居室（厅）	≤ 40	

工艺解析

第一步：弹线

在符合设计条件的地面或地枕带上，以施工图为依据，放出隔墙位置线及龙骨安装位置的边线。

第二步：隔声材料加工

将橡胶垫裁切为 100mm×100mm 大小尺寸，用作隔声处理，在 12mm 厚纸面石膏板内面增加 2mm 阻尼隔声毡，以提高隔声作用。

第三步：竖向龙骨分档

根据隔墙放线的位置，按 900mm 或 1200mm 宽的罩面板规格，分档的规格尺寸为 450mm，为避免破边石膏罩面板在门洞框处，不足模数的分档需避开门洞框边第一块罩面板的位置。

第四步：安装竖向龙骨

按分档位置安装竖向 75 轻钢 C 型龙骨，其上下两端分别插入天地龙骨，用抽芯铆钉对调整后垂直且定位准确的竖向龙骨进行固定；墙柱边的竖向龙骨以 1000mm 为间距用射钉或木螺丝与墙柱固定。

第五步：安装横向贯通龙骨

根据设计要求，竖龙骨安装完毕后设有贯通龙骨，采用支撑卡与竖龙骨固定，横向龙骨侧面垫裁切处理后的 10mm 橡胶垫。

第六步：安装一侧石膏板

如隔墙上有门洞口，则从门口处开始安装。无门洞口墙体的安装从墙的一端开始，一般用自攻螺丝对石膏板进行固定，只有纸面石膏板紧靠龙骨时，才可用自攻螺丝进行固定。

第七步：安装另一侧石膏板

安装方法同第一侧纸面石膏板。

隔声量 38dB 墙面在生活中较为常
见，走廊、楼梯间及玄关的墙面均
可采用此等级的隔声墙面。

石膏板隔墙（隔声量 38dB）实景效果图

5.2
石膏板隔墙（隔声量 40dB）

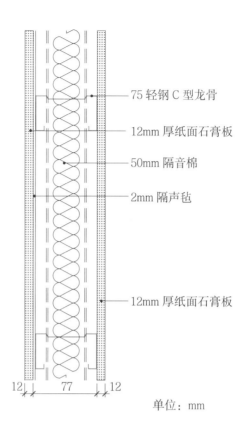

75 轻钢 C 型龙骨

12mm 厚纸面石膏板

50mm 隔音棉

2mm 隔声毡

12mm 厚纸面石膏板

12　77　12

单位：mm

石膏板隔墙（隔声量 40dB）节点图

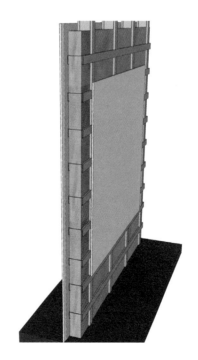

石膏板隔墙（隔声量 40dB）三维示意图

扫 / 码 / 观 / 看
"石膏板隔墙（隔声量
40dB）"三维节点动图

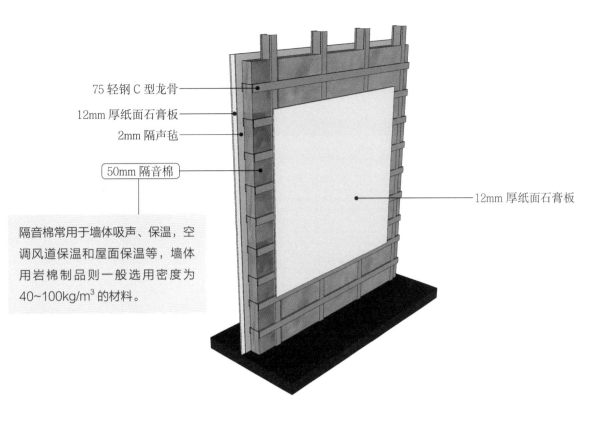

75 轻钢 C 型龙骨

12mm 厚纸面石膏板

2mm 隔声毡

50mm 隔音棉

12mm 厚纸面石膏板

隔音棉常用于墙体吸声、保温，空调风道保温和屋面保温等，墙体用岩棉制品则一般选用密度为 40~100kg/m³ 的材料。

石膏板隔墙（隔声量 40dB）三维示意图解析

工艺解析

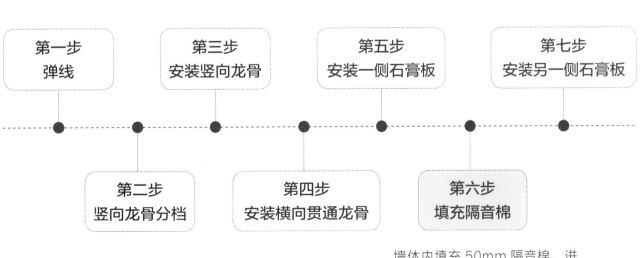

第一步
弹线

第三步
安装竖向龙骨

第五步
安装一侧石膏板

第七步
安装另一侧石膏板

第二步
竖向龙骨分档

第四步
安装横向贯通龙骨

第六步
填充隔音棉

墙体内填充 50mm 隔音棉，进一步提高隔声量至 40dB。

独栋别墅的一层室内阳台采用隔声量 40dB 的墙面，可以让业主在享受阳光沐浴的同时，不受噪声烦扰。

石膏板隔墙（隔声量 40dB）实景效果图

5.3
石膏板隔墙（隔声量 45dB）

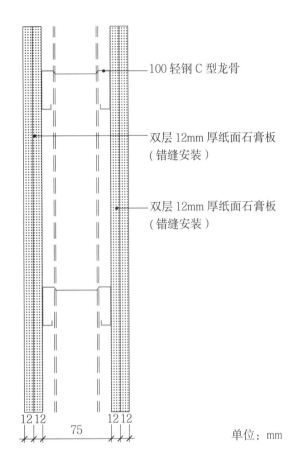

100 轻钢 C 型龙骨

双层 12mm 厚纸面石膏板
（错缝安装）

双层 12mm 厚纸面石膏板
（错缝安装）

12 12　　75　　12 12

单位：mm

石膏板隔墙（隔声量 45dB）节点图

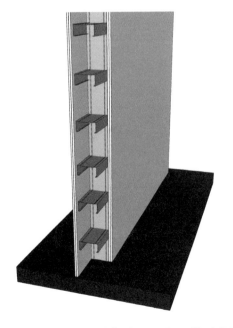

石膏板隔墙（隔声量 45dB）三维示意图

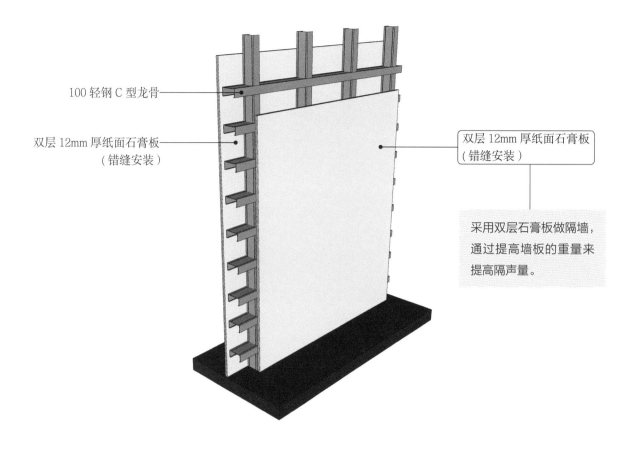

100 轻钢 C 型龙骨

双层 12mm 厚纸面石膏板
（错缝安装）

双层 12mm 厚纸面石膏板
（错缝安装）

采用双层石膏板做隔墙，
通过提高墙板的重量来
提高隔声量。

石膏板隔墙（隔声量 45dB）三维示意图解析

工艺解析

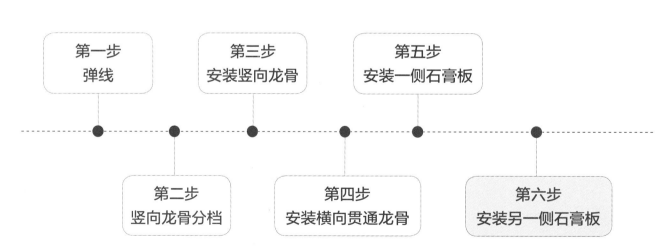

| 第一步 弹线 | 第三步 安装竖向龙骨 | 第五步 安装一侧石膏板 |

| 第二步 竖向龙骨分档 | 第四步 安装横向贯通龙骨 | 第六步 安装另一侧石膏板 |

另一侧双层 12mm 厚纸面石膏
板与第一侧面板的接缝应错开，避免
孔隙对隔声的影响，接缝处可用聚砂
专用隔声胶填缝处理。

开放式的卧室墙面采用隔声量 45dB 墙面，未封堵的墙面给人以开阔感，又能吸收一定噪声，营造平稳的睡眠环境，使人能在相对安静的环境下入睡。

石膏板隔墙（隔声量 45dB）实景效果图

5.4
石膏板隔墙（隔声量 48dB）

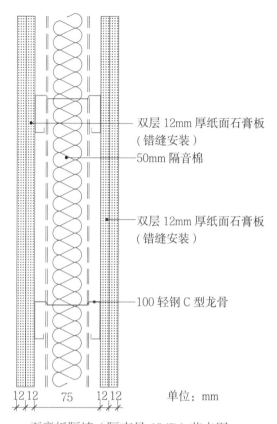

双层 12mm 厚纸面石膏板
（错缝安装）

50mm 隔音棉

双层 12mm 厚纸面石膏板
（错缝安装）

100 轻钢 C 型龙骨

12 12　　75　　12 12　　　单位：mm

石膏板隔墙（隔声量 48dB）节点图

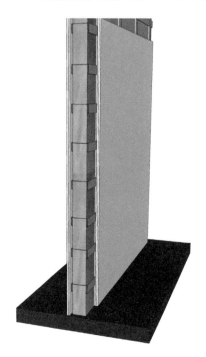

扫 / 码 / 观 / 看
"石膏板隔墙（隔声量
48dB）"三维节点动图

石膏板隔墙（隔声量 48dB）三维示意图

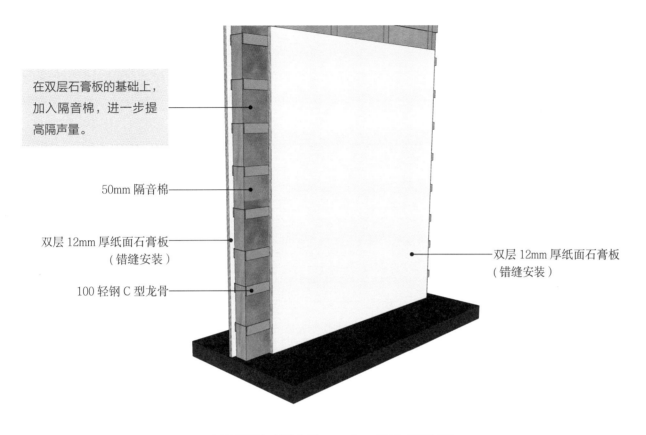

在双层石膏板的基础上，加入隔音棉，进一步提高隔声量。

50mm 隔音棉

双层 12mm 厚纸面石膏板（错缝安装）

100 轻钢 C 型龙骨

双层 12mm 厚纸面石膏板（错缝安装）

石膏板隔墙（隔声量 48dB）三维示意图解析

工艺解析

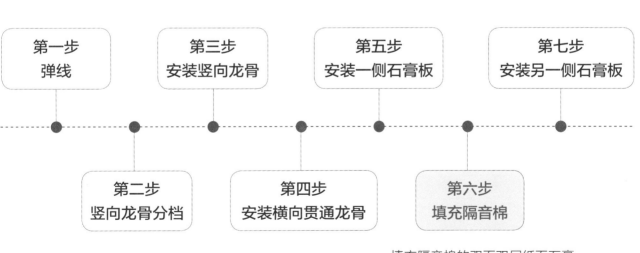

第一步
弹线

第三步
安装竖向龙骨

第五步
安装一侧石膏板

第七步
安装另一侧石膏板

第二步
竖向龙骨分档

第四步
安装横向贯通龙骨

第六步
填充隔音棉

填充隔音棉的双面双层纸面石膏板隔墙，可进一步将墙体的隔声量提高至 48dB。

石膏板隔墙（隔声量 48dB）实景效果图

休息室、娱乐室内采用隔声量 48dB 墙面，让处在室内的人不受外部空间的影响，沉浸地享受放松的感觉。

5.5
石膏板隔墙（隔声量 50dB）

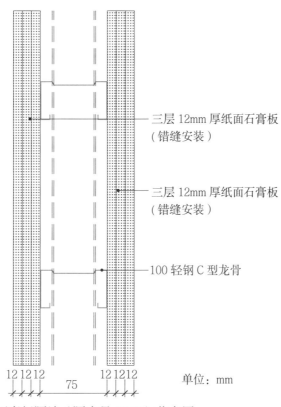

三层 12mm 厚纸面石膏板（错缝安装）

三层 12mm 厚纸面石膏板（错缝安装）

100 轻钢 C 型龙骨

12 12 12　　75　　12 12 12　　单位：mm

石膏板隔墙（隔声量 50dB）节点图

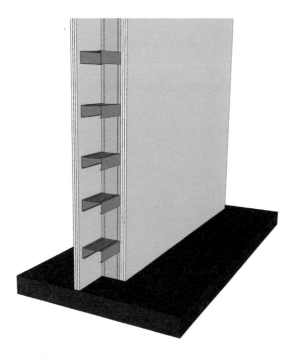

石膏板隔墙（隔声量 50dB）三维示意图

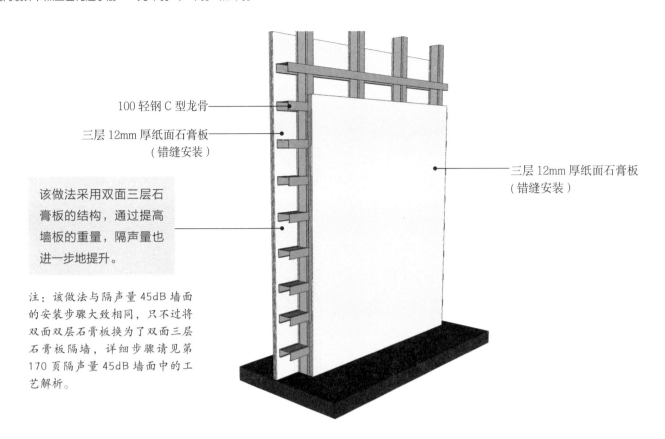

100 轻钢 C 型龙骨

三层 12mm 厚纸面石膏板
（错缝安装）

三层 12mm 厚纸面石膏板
（错缝安装）

该做法采用双面三层石膏板的结构，通过提高墙板的重量，隔声量也进一步地提升。

注：该做法与隔声量 45dB 墙面的安装步骤大致相同，只不过将双面双层石膏板换为了双面三层石膏板隔墙，详细步骤请见第 170 页隔声量 45dB 墙面中的工艺解析。

石膏板隔墙（隔声量 50dB）三维示意图解析

/ 住宅建筑楼板处的隔声标准 /

① 分户墙、分户楼板及分隔住宅和非居住用途空间楼板的空气声隔声性能应符合下表的规定。

构件名称	空气声隔声单值评价量 + 频谱修正量 /dB	
分户墙、分户楼板	计权隔声量 + 粉红噪声频谱修正量 R_w+C	> 45
分隔住宅和非居住用途空间的楼板	计权隔声量 + 交通噪声频谱修正量 R_w+C_{tr}	> 51

② 相邻两户房间之间及住宅和非居住用途空间分隔楼板上下的房间之间的空气声隔声性能应符合下表的规定

房间名称	空气声隔声单值评价量 + 频谱修正量 /dB	
卧室、起居室（厅）与邻户房间之间	计权标准化声压级差 + 粉红噪声频谱修正量 $D_{nT,w}+C$	≥ 45
住宅和非居住用途空间分隔楼板上下的房间之间	计权标准化声压级差 + 交通噪声频谱修正量 $D_{nT,w}+C_{tr}$	≥ 51

小型画廊一般也有一定的隔声需求，隔声量 50dB 墙面采用错缝安装的三层石膏板，重量和隔声量均能满足要求。

石膏板隔墙（隔声量 50dB）实景效果图

5.6
石膏板隔墙（隔声量 52dB）

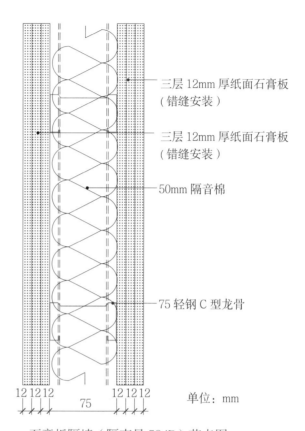

三层 12mm 厚纸面石膏板
（错缝安装）

三层 12mm 厚纸面石膏板
（错缝安装）

50mm 隔音棉

75 轻钢 C 型龙骨

12 12 12　　75　　12 12 12　　单位：mm

石膏板隔墙（隔声量 52dB）节点图

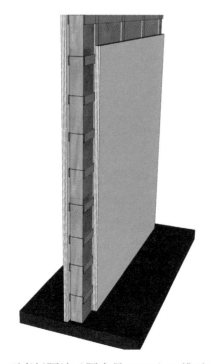

扫 / 码 / 观 / 看
"石膏板隔墙（隔声量
52dB）"三维节点动图

石膏板隔墙（隔声量 52dB）三维示意图

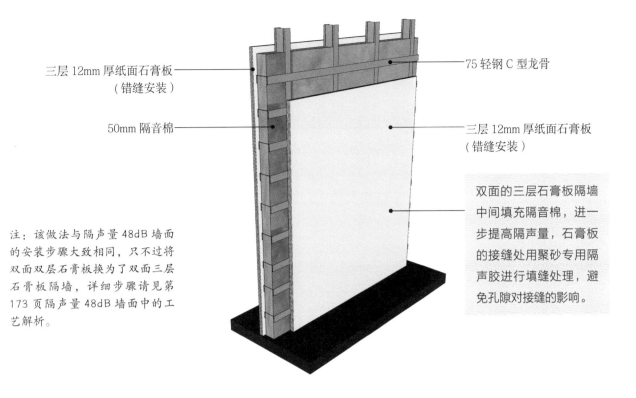

三层 12mm 厚纸面石膏板
（错缝安装）

50mm 隔音棉

75 轻钢 C 型龙骨

三层 12mm 厚纸面石膏板
（错缝安装）

注：该做法与隔声量 48dB 墙面的安装步骤大致相同，只不过将双面双层石膏板换为了双面三层石膏板隔墙，详细步骤请见第 173 页隔声量 48dB 墙面中的工艺解析。

双面的三层石膏板隔墙中间填充隔音棉，进一步提高隔声量，石膏板的接缝处用聚砂专用隔声胶进行填缝处理，避免孔隙对接缝的影响。

石膏板隔墙（隔声量 52dB）三维示意图解析

/ 住宅建筑中高要求住宅的楼板隔声性能要求 /

① 高要求住宅的分户墙、分户楼板的空气声隔声性能应符合下表的规定。

构件名称	空气声隔声单值评价量 + 频谱修正量 /dB	
分户墙、分户楼板	计权隔声量 + 粉红噪声频谱修正量 R_w+C	> 50

② 高要求住宅相邻两户房间之间的空气声隔声性能应符合下表的规定。

房间名称	空气声隔声单值评价量 + 频谱修正量 /dB	
卧室、起居室（厅）与邻户房间之间	计权标准化声压级差 + 粉红噪声频谱修正量 $D_{nT,w}+C$	≥ 50
相邻的卫生间之间	计权标准化声压级差 + 粉红噪声频谱修正量 $D_{nT,w}+C$	≥ 45

独立的客厅空间采用涂有白色乳胶漆的
隔声量 52dB 墙面，配有不同材质色泽
的家具，营造出宁静、温柔的氛围。

石膏板隔墙（隔声量 52dB）实景效果图

5.7
石膏板隔墙（隔声量 55dB）

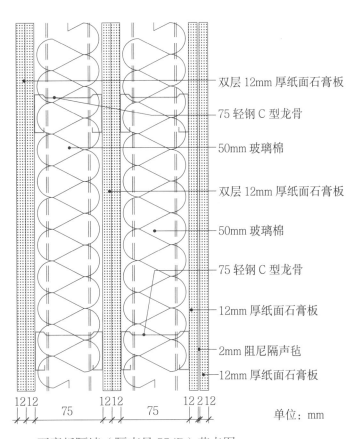

双层 12mm 厚纸面石膏板

75 轻钢 C 型龙骨

50mm 玻璃棉

双层 12mm 厚纸面石膏板

50mm 玻璃棉

75 轻钢 C 型龙骨

12mm 厚纸面石膏板

2mm 阻尼隔声毡

12mm 厚纸面石膏板

12 12 ｜ 75 ｜ 12 12 ｜ 75 ｜ 12 2 12

单位：mm

石膏板隔墙（隔声量 55dB）节点图

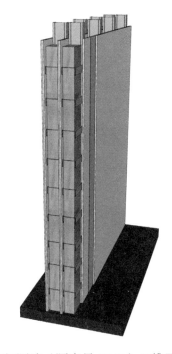

石膏板隔墙（隔声量 55dB）三维示意图

扫 / 码 / 观 / 看
"石膏板隔墙（隔声量
55dB）"三维节点动图

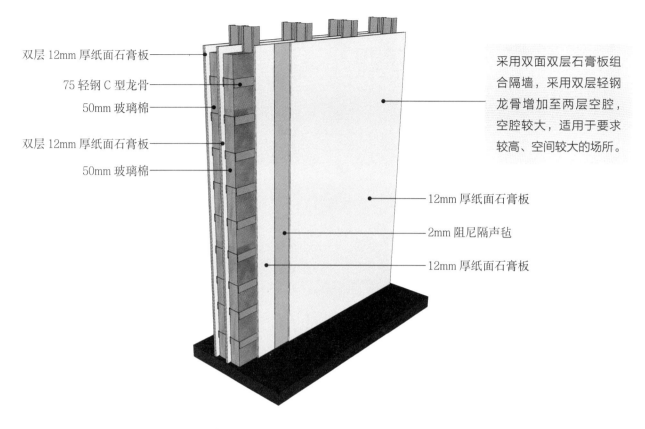

双层 12mm 厚纸面石膏板

75 轻钢 C 型龙骨

50mm 玻璃棉

双层 12mm 厚纸面石膏板

50mm 玻璃棉

采用双面双层石膏板组合隔墙，采用双层轻钢龙骨增加至两层空腔，空腔较大，适用于要求较高、空间较大的场所。

12mm 厚纸面石膏板

2mm 阻尼隔声毡

12mm 厚纸面石膏板

石膏板隔墙（隔声量 55dB）三维示意图解析

工艺解析

在安装外侧石膏板的同时，在双层轻钢龙骨形成的两层空腔中分别填充 50mm 的玻璃棉。

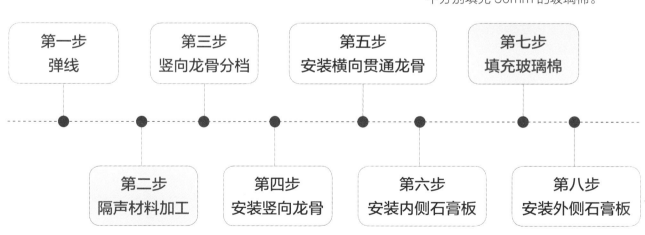

第一步 弹线

第二步 隔声材料加工

第三步 竖向龙骨分档

第四步 安装竖向龙骨

第五步 安装横向贯通龙骨

第六步 安装内侧石膏板

第七步 填充玻璃棉

第八步 安装外侧石膏板

在纸面石膏板间夹一层 2mm 厚的阻尼隔声毡。

隔声量 55dB 墙面与木材顶棚结合，进
一步地提高了空间的隔声能力，用在接
待室中，还能营造出悠然自在的环境。

石膏板隔墙（隔声量 55dB）实景效果图

5.8
石膏板隔墙（隔声量 57dB）

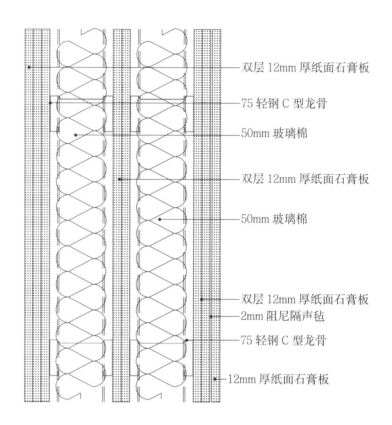

双层 12mm 厚纸面石膏板

75 轻钢 C 型龙骨

50mm 玻璃棉

双层 12mm 厚纸面石膏板

50mm 玻璃棉

双层 12mm 厚纸面石膏板
2mm 阻尼隔声毡
75 轻钢 C 型龙骨

12mm 厚纸面石膏板

石膏板隔墙（隔声量 57dB）节点图

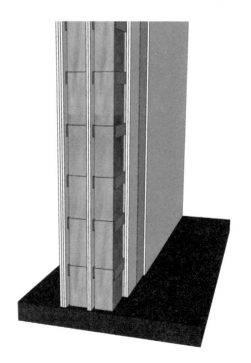

扫 / 码 / 观 / 看
"石膏板隔墙（隔声量
57dB）"三维节点动图

石膏板隔墙（隔声量 57dB）三维示意图

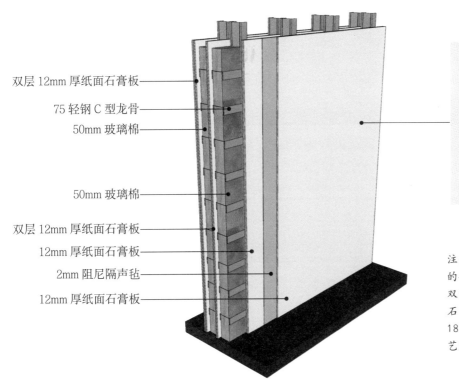

双层 12mm 厚纸面石膏板
75 轻钢 C 型龙骨
50mm 玻璃棉

50mm 玻璃棉

双层 12mm 厚纸面石膏板
12mm 厚纸面石膏板
2mm 阻尼隔声毡
12mm 厚纸面石膏板

双面三层石膏板组合而成的隔墙，且内里含有两层空腔，同时增加了一层阻尼材料，隔声量进一步提升，更适用于对隔声要求较高的展览馆、图书馆等场所。

注：该做法与隔声量 55dB 墙面的安装步骤大致相同，只不过将双面双层石膏板换为了双面三层石膏板隔墙，详细步骤请见第 182 页隔声量 55dB 墙面中的工艺解析。

石膏板隔墙（隔声量 57dB）三维示意图解析

/ 医院建筑主要房间内允许的噪声级 /

房间名称	允许噪声级（A 声级）/dB			
	高要求标准		低限标准	
	昼间	夜间	昼间	夜间
病房、医护人员休息室	≤ 40	≤ 35	≤ 45	≤ 40
各类重症监护室	≤ 40	≤ 35	≤ 45	≤ 40
诊室	≤ 40		≤ 45	
手术室、分娩室	≤ 40		≤ 45	
洁净手术室	—		≤ 50	
人工生殖中心净化区	—		≤ 40	
听力测听室	—		≤ 25	
化验室、分析实验室	—		≤ 40	
入口大厅、候诊厅	≤ 50		≤ 55	

注：对有特殊要求的病房，室内允许噪声级应小于或等于 30dB，表中听力测听室内允许噪声级的数值，适用于采用纯音气导和骨导测听法的听力测听室。采用声场测听法的听力测听室的允许噪声级另有规定。

隔声量 57dB 的墙面，可用在展览馆中，
让游客可以在安静的氛围中观赏展览品，
感受艺术气息。

石膏板隔墙（隔声量 57dB）实景效果图

5.9
隔声板隔墙（隔声量 60dB）

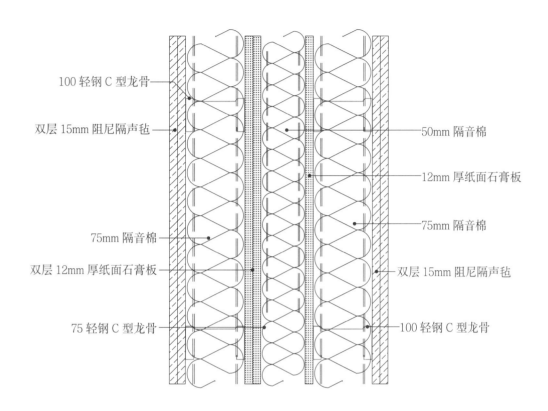

100 轻钢 C 型龙骨

双层 15mm 阻尼隔声毡

75mm 隔音棉

双层 12mm 厚纸面石膏板

75 轻钢 C 型龙骨

50mm 隔音棉

12mm 厚纸面石膏板

75mm 隔音棉

双层 15mm 阻尼隔声毡

100 轻钢 C 型龙骨

隔声板隔墙（隔声量 60dB）节点图

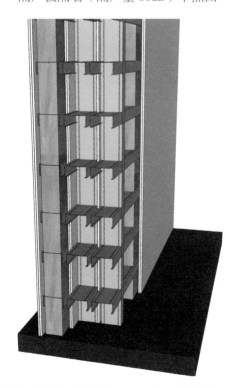

隔声板隔墙（隔声量 60dB）三维示意图

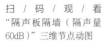

扫 / 码 / 观 / 看
"隔声板隔墙（隔声量 60dB）"三维节点动图

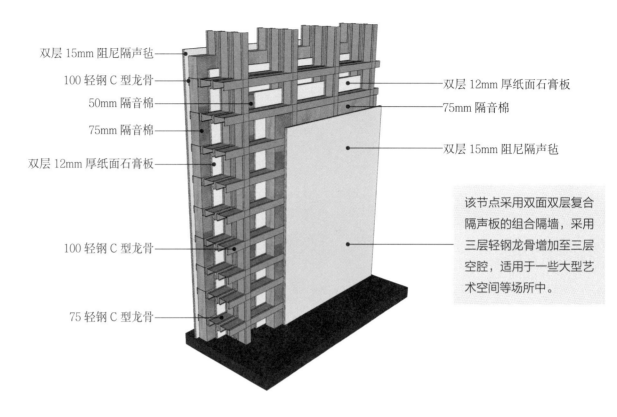

双层 15mm 阻尼隔声毡

100 轻钢 C 型龙骨

50mm 隔音棉

75mm 隔音棉

双层 12mm 厚纸面石膏板

100 轻钢 C 型龙骨

75 轻钢 C 型龙骨

双层 12mm 厚纸面石膏板

75mm 隔音棉

双层 15mm 阻尼隔声毡

该节点采用双面双层复合隔声板的组合隔墙，采用三层轻钢龙骨增加至三层空腔，适用于一些大型艺术空间等场所中。

隔声板隔墙（隔声量 60dB）三维示意图解析

工艺解析

安装方法同内侧隔声板。

第一步
安装双层纸面石膏板隔墙

第三步
竖向龙骨分档

第五步
安装横向贯通龙骨

第七步
安装外侧隔声板

第二步
弹线

第四步
安装竖向龙骨

第六步
安装内侧隔声板

第八步
填充吸声材料

将双层 15mm 阻尼隔声毡用自攻螺丝
固定在 75 轻钢 C 型横竖向龙骨上。

隔声量60dB墙面用在大型艺术性建筑中，可与不同材质的顶棚相结合，营造安静氛围的同时，还能给人以沉浸感。

隔声板隔墙（隔声量60dB）实景效果图

石膏板墙面（无缝吸声）

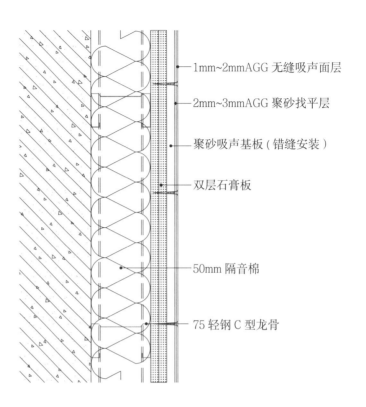

1mm~2mmAGG 无缝吸声面层

2mm~3mmAGG 聚砂找平层

聚砂吸声基板（错缝安装）

双层石膏板

50mm 隔音棉

75 轻钢 C 型龙骨

石膏板墙面（无缝吸声）节点图

扫 / 码 / 观 / 看
"石膏板墙面（无缝吸声）"三维节点动图

石膏板墙面（无缝吸声）三维示意图

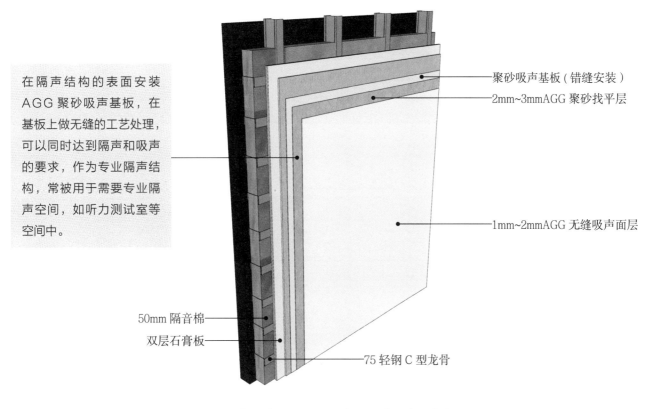

在隔声结构的表面安装AGG聚砂吸声基板，在基板上做无缝的工艺处理，可以同时达到隔声和吸声的要求，作为专业隔声结构，常被用于需要专业隔声空间，如听力测试室等空间中。

聚砂吸声基板（错缝安装）

2mm~3mmAGG 聚砂找平层

1mm~2mmAGG 无缝吸声面层

50mm 隔音棉

双层石膏板

75 轻钢 C 型龙骨

石膏板墙面（无缝吸声）三维示意图解析

工艺解析

在原建筑墙面上，依据设计及施工图纸放出龙骨的安装位置线及水平和竖直的控制线。

将聚砂吸声基板在纸面石膏板上方错缝安装。

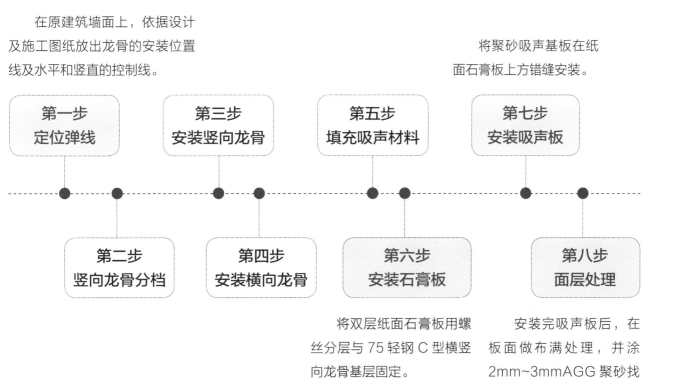

第一步 定位弹线

第二步 竖向龙骨分档

第三步 安装竖向龙骨

第四步 安装横向龙骨

第五步 填充吸声材料

第六步 安装石膏板

第七步 安装吸声板

第八步 面层处理

将双层纸面石膏板用螺丝分层与 75 轻钢 C 型横竖向龙骨基层固定。

安装完吸声板后，在板面做布满处理，并涂2mm~3mmAGG 聚砂找平层及 1mm~2mm 无缝吸声面层。

无缝吸声墙面结合材质柔软的软包材料，
用在隔间式的阅读室内，达到隔声吸音效
果的同时，使人心情舒缓。

石膏板墙面（无缝吸声）实景效果图

5.11
AGG 聚砂吸声模块墙面（轻钢龙骨空腔）

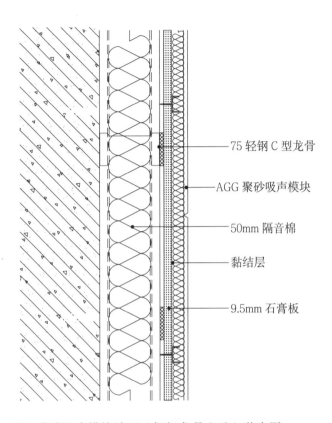

75 轻钢 C 型龙骨

AGG 聚砂吸声模块

50mm 隔音棉

黏结层

9.5mm 石膏板

AGG 聚砂吸声模块墙面（轻钢龙骨空腔）节点图

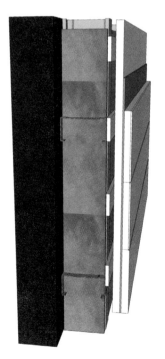

AGG 聚砂吸声模块墙面（轻钢龙骨空腔）三维示意图

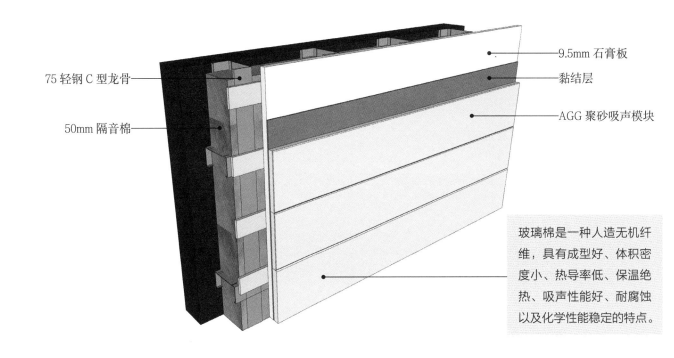

75 轻钢 C 型龙骨

50mm 隔音棉

9.5mm 石膏板

黏结层

AGG 聚砂吸声模块

玻璃棉是一种人造无机纤维，具有成型好、体积密度小、热导率低、保温绝热、吸声性能好、耐腐蚀以及化学性能稳定的特点。

AGG 聚砂吸声模块墙面（轻钢龙骨空腔）三维示意图解析

工艺解析

调配符合设计要求的一定比例的水泥砂浆，并将其均匀涂抹在石膏板上方做黏结层，水泥砂浆的厚度应一致。

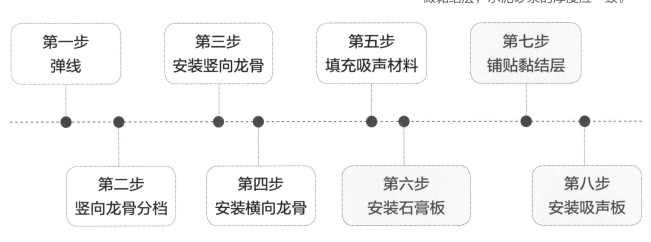

| 第一步 弹线 | 第三步 安装竖向龙骨 | 第五步 填充吸声材料 | 第七步 铺贴黏结层 |

| 第二步 竖向龙骨分档 | 第四步 安装横向龙骨 | 第六步 安装石膏板 | 第八步 安装吸声板 |

石膏板用专用挂件与轻钢龙骨基层固定安装。

将 AGG 聚砂吸声模块由下而上，用结构胶和金属爪钉分段安装固定在黏结层上，安装后预留工艺缝效果。

除用在有隔音需求的室内，吸声模块独特的质感也能用在建筑的外部墙面（如艺术馆），阻止室外声音传入室内的同时，还能给人以庄重的感觉。

AGG 聚砂吸声模块墙面（轻钢龙骨空腔）实景效果图

5.12
AGG 聚砂吸声模块墙面（干挂式）

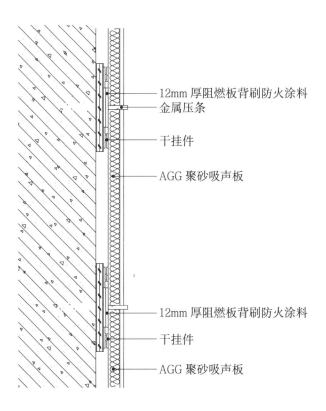

12mm 厚阻燃板背刷防火涂料
金属压条
干挂件
AGG 聚砂吸声板
12mm 厚阻燃板背刷防火涂料
干挂件
AGG 聚砂吸声板

AGG 聚砂吸声模块墙面（干挂式）节点图

AGG 聚砂吸声模块墙面（干挂式）三维示意图

扫 / 码 / 观 / 看
"AGG 聚砂吸声模块墙面
（干挂式）"三维节点动图

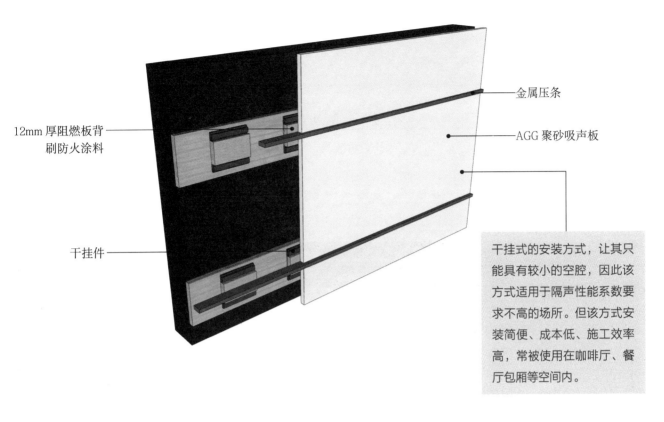

12mm 厚阻燃板背
刷防火涂料

干挂件

金属压条

AGG 聚砂吸声板

干挂式的安装方式，让其只
能具有较小的空腔，因此该
方式适用于隔声性能系数要
求不高的场所。但该方式安
装简便、成本低、施工效率
高，常被使用在咖啡厅、餐
厅包厢等空间内。

AGG 聚砂吸声模块墙面（干挂式）三维示意图解析

工艺解析

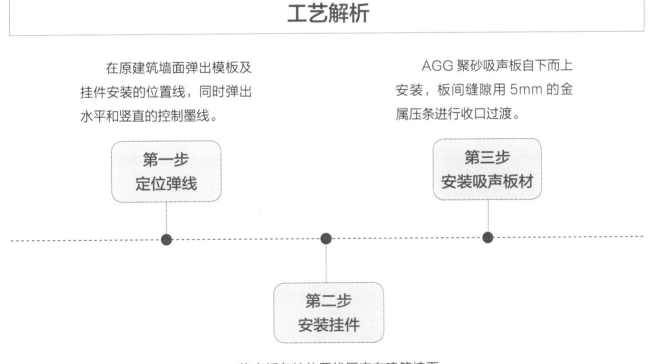

在原建筑墙面弹出模板及
挂件安装的位置线，同时弹出
水平和竖直的控制墨线。

**第一步
定位弹线**

AGG 聚砂吸声板自下而上
安装，板间缝隙用 5mm 的金
属压条进行收口过渡。

**第三步
安装吸声板材**

**第二步
安装挂件**

将木板条按位置线固定在建筑墙面，
12mm 厚阻燃板背面刷防火涂料，在木
板条中央水平线分段进行固定，并将干
挂件分别安装在阻燃板上下方。

吸声模块做成不同样式的石材表面安装于墙面，
能够很好地营造出一种古朴自然的氛围，可以
用在有一定装饰需求的咖啡厅内。

AGG 聚砂吸声模块墙面（干挂式）实景效果图

5.13
AGG 聚砂吸声模块墙面（轻钢龙骨空腔 + 干挂式）

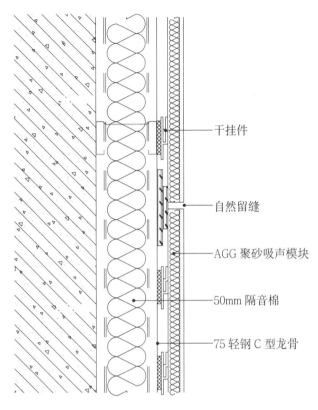

干挂件

自然留缝

AGG 聚砂吸声模块

50mm 隔音棉

75 轻钢 C 型龙骨

AGG 聚砂吸声模块墙面（轻钢龙骨空腔 + 干挂式）节点图

扫 / 码 / 观 / 看
"AGG 聚砂吸声模块墙面
（轻钢龙骨空腔 + 干挂
式）"三维节点动图

AGG 聚砂吸声模块墙面（轻钢龙骨空腔 + 干挂式）三维示意图

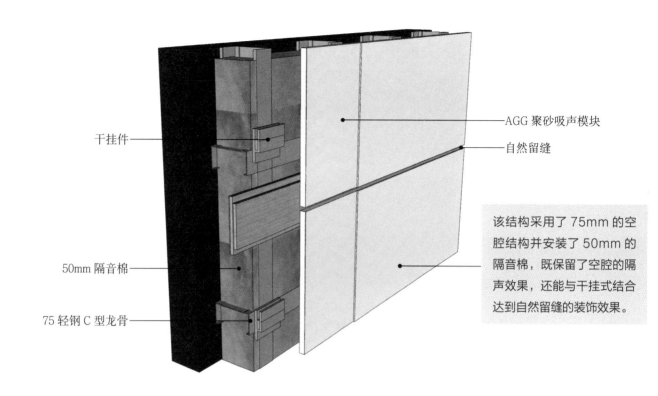

干挂件

50mm 隔音棉

75 轻钢 C 型龙骨

AGG 聚砂吸声模块

自然留缝

该结构采用了 75mm 的空腔结构并安装了 50mm 的隔音棉，既保留了空腔的隔声效果，还能与干挂式结合达到自然留缝的装饰效果。

AGG 聚砂吸声模块墙面（轻钢龙骨空腔 + 干挂式）三维示意图解析

工艺解析

12mm 厚阻燃板背面刷 AGG 聚砂无缝涂层，AGG 聚砂吸声模块间的缝隙内侧垫有阻燃板，故不做处理，自然留缝。

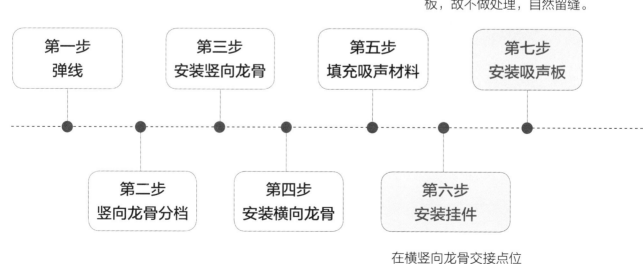

| 第一步 弹线 | 第三步 安装竖向龙骨 | 第五步 填充吸声材料 | 第七步 安装吸声板 |

| 第二步 竖向龙骨分档 | 第四步 安装横向龙骨 | 第六步 安装挂件 |

在横竖向龙骨交接点位置用螺丝固定金属干挂件。

吸声模块墙面的原色略显单调，不适
用于温馨轻快的家居环境，但却是工
业风室内装饰的不二选择。

AGG 聚砂吸声模块墙面（轻钢龙骨空腔＋干挂式）实景效果图

5.14
AGG 聚砂吸声模块墙面（圆柱形或异形墙体）

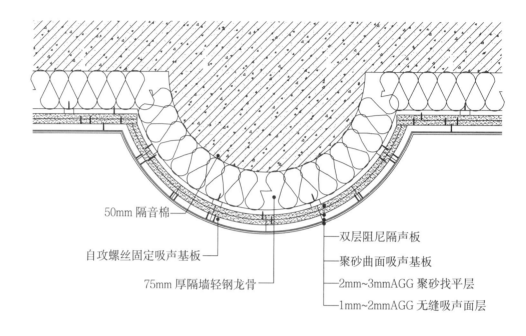

50mm 隔音棉

自攻螺丝固定吸声基板

75mm 厚隔墙轻钢龙骨

双层阻尼隔声板

聚砂曲面吸声基板

2mm~3mmAGG 聚砂找平层

1mm~2mmAGG 无缝吸声面层

AGG 聚砂吸声模块墙面（圆柱形或异形墙体）节点图

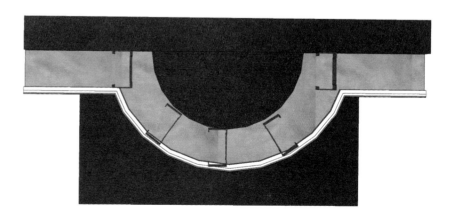

扫 / 码 / 观 / 看
"AGG 聚砂吸声墙面
（圆柱形或异形墙体）"
三维节点动图

AGG 聚砂吸声模块墙面（圆柱形或异形墙体）三维示意图

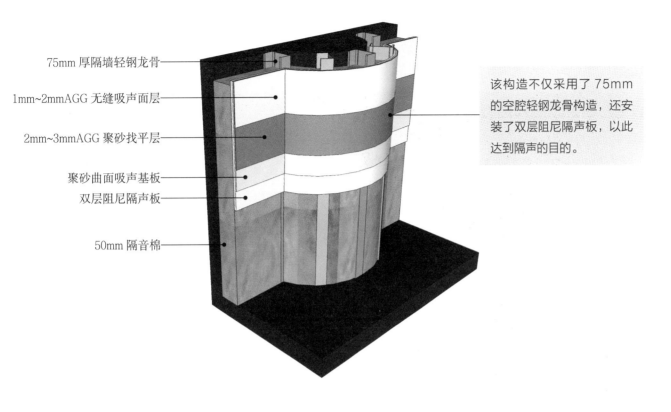

75mm 厚隔墙轻钢龙骨

1mm~2mmAGG 无缝吸声面层

2mm~3mmAGG 聚砂找平层

聚砂曲面吸声基板

双层阻尼隔声板

50mm 隔音棉

该构造不仅采用了 75mm 的空腔轻钢龙骨构造，还安装了双层阻尼隔声板，以此达到隔声的目的。

AGG 聚砂吸声模块墙面（圆柱形或异形墙体）三维示意图解析

工艺解析

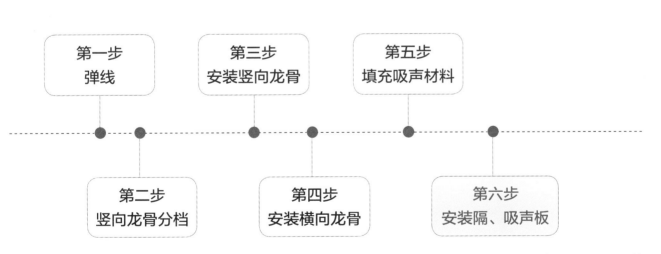

第一步 弹线

第二步 竖向龙骨分档

第三步 安装竖向龙骨

第四步 安装横向龙骨

第五步 填充吸声材料

第六步 安装隔、吸声板

双层阻尼隔声板用自攻螺丝与 75mm 厚隔墙轻钢龙骨固定，聚砂曲面吸声基板固定在隔声板上方，并在安装完的板面上方刷 2mm~3mmAGG 聚砂找平层及 1mm~2mmAGG 无缝吸声面层。

AGG 聚砂吸声模块墙面（圆柱形或异形墙体）实景效果图

呈圆形凸起的墙面，一般会用在墙的一端，避免墙体突兀断节，有着很好的过渡视线的作用，咖啡馆、餐厅等小型商业场所经常用到。

5.15
AGG 聚砂吸声模块墙面（带凸出方柱的墙体）

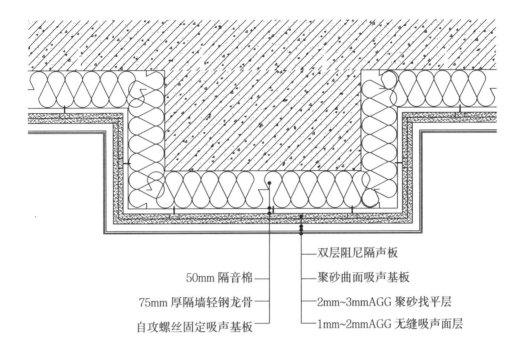

50mm 隔音棉 ——
75mm 厚隔墙轻钢龙骨 ——
自攻螺丝固定吸声基板 ——

—— 双层阻尼隔声板
—— 聚砂曲面吸声基板
—— 2mm~3mmAGG 聚砂找平层
—— 1mm~2mmAGG 无缝吸声面层

AGG 聚砂吸声模块墙面（带凸出方柱的墙体）节点图

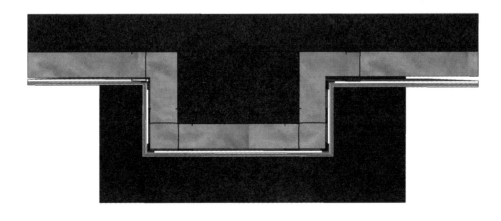

AGG 聚砂吸声模块墙面（带凸出方柱的墙体）三维示意图

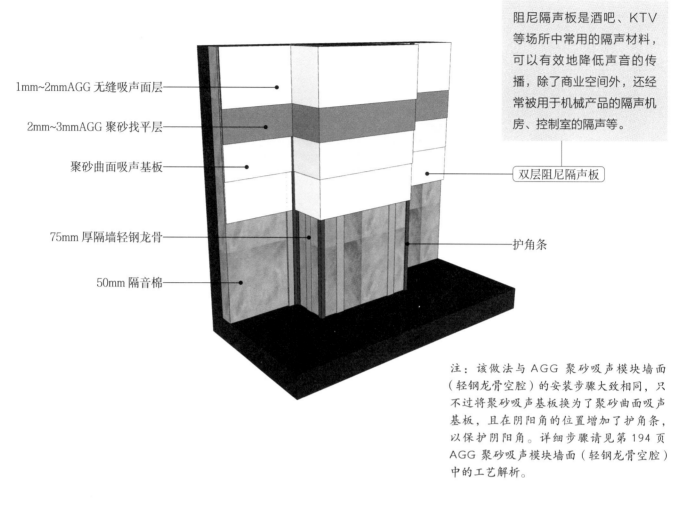

阻尼隔声板是酒吧、KTV等场所中常用的隔声材料，可以有效地降低声音的传播，除了商业空间外，还经常被用于机械产品的隔声机房、控制室的隔声等。

1mm~2mmAGG 无缝吸声面层

2mm~3mmAGG 聚砂找平层

聚砂曲面吸声基板

双层阻尼隔声板

75mm 厚隔墙轻钢龙骨

护角条

50mm 隔音棉

注：该做法与 AGG 聚砂吸声模块墙面（轻钢龙骨空腔）的安装步骤大致相同，只不过将聚砂吸声基板换为了聚砂曲面吸声基板，且在阴阳角的位置增加了护角条，以保护阴阳角。详细步骤请见第 194 页 AGG 聚砂吸声模块墙面（轻钢龙骨空腔）中的工艺解析。

AGG 聚砂吸声模块墙面（带凸出方柱的墙体）三维示意图解析

/ 商业建筑对不同区域隔墙、楼板的隔声性能要求 /

噪声敏感房间与产生噪声房间之间的隔墙、楼板的空气声隔声性能应符合下表中的规定。

围护结构部位	计权隔声量 + 交通噪声频谱修正量 R_w+C_{tr}/dB	
	高要求标准	低限标准
休闲区域、走廊等与敏感房间的隔墙、楼板	> 60	> 55
购物中心、互动体验区与敏感房间的隔墙、楼板	> 50	> 45

KTV 中采用蓝紫色的光做空间的主色调，加入黄色来加重色彩上的碰撞，让空间更加特立独行。

AGG 聚砂吸声模块墙面（带凸出方柱的墙体）实景效果图

5.16
AGG 聚砂吸声模块墙面（折板式安装）

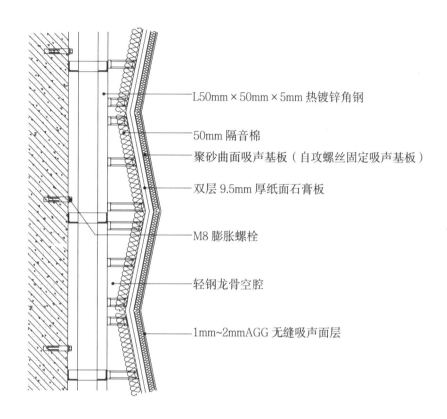

L50mm×50mm×5mm 热镀锌角钢

50mm 隔音棉

聚砂曲面吸声基板（自攻螺丝固定吸声基板）

双层 9.5mm 厚纸面石膏板

M8 膨胀螺栓

轻钢龙骨空腔

1mm~2mmAGG 无缝吸声面层

AGG 聚砂吸声模块墙面（折板式安装）节点图

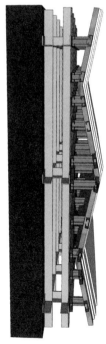

扫 / 码 / 观 / 看
"AGG 聚砂吸声模块墙面
（折板式安装）"三维节
点动图

AGG 聚砂吸声模块墙面（折板式安装）三维示意图

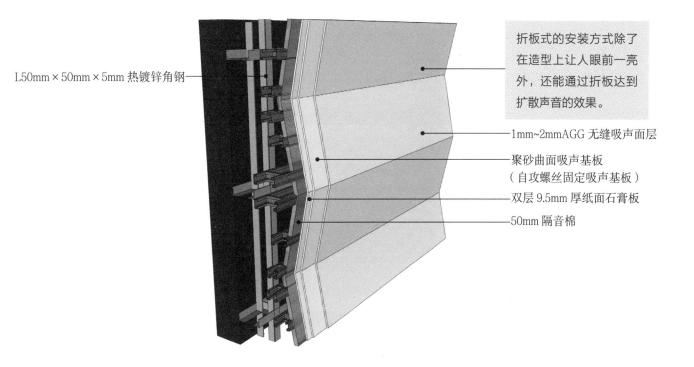

L50mm×50mm×5mm 热镀锌角钢

折板式的安装方式除了在造型上让人眼前一亮外，还能通过折板达到扩散声音的效果。

1mm~2mmAGG 无缝吸声面层

聚砂曲面吸声基板（自攻螺丝固定吸声基板）

双层 9.5mm 厚纸面石膏板

50mm 隔音棉

AGG 聚砂吸声模块墙面（折板式安装）三维示意图解析

工艺解析

清理基层表面，同时进行吊直、套方、找规矩，弹出垂直线与水平线。根据施工图纸与实际需要弹出钢架安装的位置线。

角钢钢架上方用轻钢龙骨做出折板安装具有一定高度差的空腔。

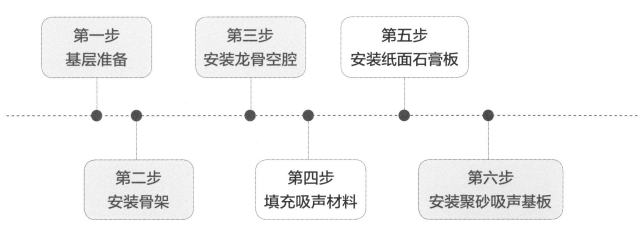

第一步 基层准备

第二步 安装骨架

第三步 安装龙骨空腔

第四步 填充吸声材料

第五步 安装纸面石膏板

第六步 安装聚砂吸声基板

用 L50mmx50mmx5mm 的热镀锌角钢，将焊接好的角钢钢架用 M8 膨胀螺栓固定在建筑墙面。

将聚砂吸声基板安装在纸面石膏板上后，用自粘型玻纤网格布满铺处理，做 2mm~3mmAGG 聚砂找平层，再做 1mm~2mmAGG 无缝吸声面层。

此类弯折型的吸声模块安装墙面，适用于演播厅、琴房以及需要扩散吸声的场所。

AGG 聚砂吸声模块墙面（折板式安装）实景效果图

5.17
AGG 无缝聚砂吸声（圆柱）

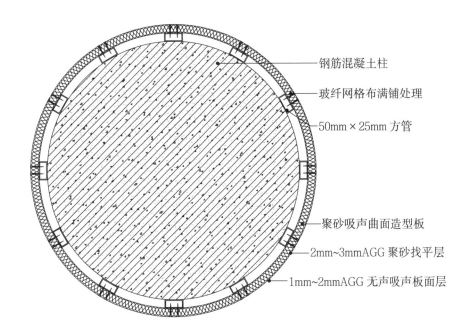

- 钢筋混凝土柱
- 玻纤网格布满铺处理
- 50mm×25mm 方管
- 聚砂吸声曲面造型板
- 2mm~3mmAGG 聚砂找平层
- 1mm~2mmAGG 无声吸声板面层

AGG 无缝聚砂吸声（圆柱）节点图

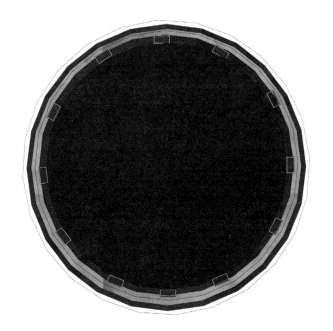

扫 / 码 / 观 / 看
"AGG 无缝聚砂吸声（圆柱）"三维节点动图

AGG 无缝聚砂吸声（圆柱）三维示意图

对圆柱的曲面饰面板可以采用聚砂吸声基板或聚砂吸声曲面造型板来进行安装，但需要注意的是，聚砂吸声基板适用于平面、斜面或折面的施工，对于弧度的造型来说，安装难度系数较高，且施工效率较慢。因此，一般情况下，都会选择更适合弧形、曲面的聚砂吸声曲面造型板来作为圆柱的基层板。

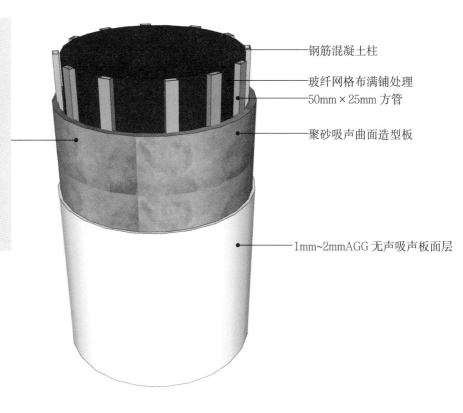

钢筋混凝土柱
玻纤网格布满铺处理
50mm×25mm 方管
聚砂吸声曲面造型板
1mm~2mmAGG 无声吸声板面层

AGG 无缝聚砂吸声（圆柱）三维示意图解析

/ 办公建筑中不同空间隔墙、楼板的空气隔声性能要求 /

办公室、会议室隔墙、楼板的空气声隔声性能应符合下表的规定。

构件名称	空气声隔声单值评价量 + 频谱修正量 /dB	高要求标准 /dB	低限标准 /dB
办公室、会议室与产生噪声的房间之间的隔墙、楼板	计权隔声量 + 交通噪声频谱修正量 R_w+C_{tr}	> 50	> 45
办公室、会议室与普通房间之间的隔墙、楼板	计权隔声量 + 粉红噪声频谱修正量 R_w+C	> 50	> 45

工艺解析

第一步：板材定制

根据圆柱及方钢管的尺寸确定板材的尺寸，将圆柱挂面板材等比分为 12 份，根据下料单选定聚砂吸声基板或聚砂吸声曲面造型板，并进行编号。

第二步：定位弹线

在圆柱四面弹出控制线对尺寸进行复测，而后在柱体上弹出固定方管位置所需的竖向控制线，并沿竖向控制线每间隔一定长度就弹出水平控制线。水平控制线与竖向控制线相交处是膨胀螺栓的布置点。

第三步：基层钢材焊接

将镀锌钢板按所弹位置线用膨胀螺栓预埋在原结构柱四面，并将镀锌方钢管采用焊接的方式固定在钢筋混凝土柱上。

第四步：试拼板材

将弧面板材按照编号进行试拼，并根据方钢管安装位置对板材固定位置进行标注。

第五步：安装吸声板材

安装板材时将聚砂吸声曲面造型板与标注位置对齐，在找平、找正、找垂直调整后，用螺丝固定在方钢管上。板材自上而下地安装，每层板材安装后立即进行玻纤网格布满铺处理，并在吸声板上方做 2mm~3mmAGG 聚砂找平层及 1mm~2mmAGG 无缝吸声面层。

第六步：清理板面

用棉布将圆柱外表面擦洗干净，表面难以去除的杂物可用开刀进行铲除，再用干净的棉布蘸丙酮擦净，以保证柱面的平滑顺畅，同时做好成品保护。

柱子是框架结构建筑中不可避免地存在，通过聚砂吸声曲面造型板进行包裹安装，让会客室、办公区及其他区域，起到降噪效果的同时，还不影响整体空间的装饰效果。

AGG 无缝聚砂吸声（圆柱）实景效果图

6

地面供暖节点

地暖是室内空间中重要的供暖结构，是室内空间中解决供暖问题的主流方案。地暖的原理是通过地面辐射层中的输热管道或发热电缆，均匀加热整个地面，以地面为散热器向上来传递热量，达到调节室内温度的目的。

不同的饰面材料，地面的施工节点也不同，本章针对水磨石、环氧磨石、石材、地砖、木地板、企口型复合地板、PVC 地板及地毯这 8 种材料，针对其内部结构进行详细的解析。

6.1
地暖水磨石地面

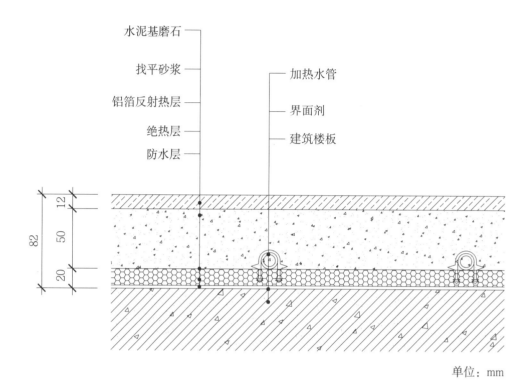

水泥基磨石

找平砂浆

铝箔反射热层

绝热层

防水层

加热水管

界面剂

建筑楼板

单位：mm

地暖水磨石地面节点图

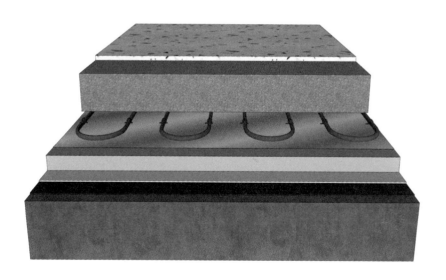

扫 / 码 / 观 / 看
"地暖水磨石地面"三维
节点动图

地暖水磨石地面三维示意图

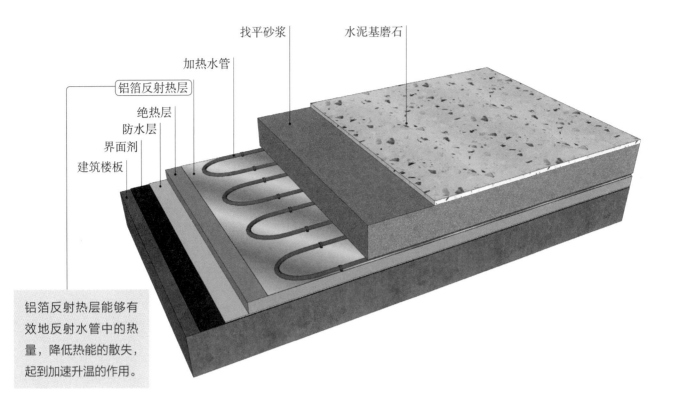

找平砂浆　水泥基磨石
加热水管
铝箔反射热层
绝热层
防水层
界面剂
建筑楼板

铝箔反射热层能够有效地反射水管中的热量，降低热能的散失，起到加速升温的作用。

地暖水磨石地面三维示意图解析

───── / 使用水磨石时的注意事项 / ─────

① 水磨石因为原材料的混合，其中的矿物成分比较复杂，尤其是一些浅色的水磨石，含有铁质，在潮湿的环境中可能会产生锈变。

② 日常维护时需要用专业的水磨石清洗剂来洗刷地面，也可以用普通的洗衣粉水或洗衣液清洗，难清洗的可以用洁厕剂之类的进行清洗，但是可能会产生一定的磨损。

③ 在施工的最后可以在水磨石的表面做一层密封固化剂，不仅可以提高亮度，还能防尘并增强硬度。

工艺解析

第一步：清理基层

施工前应检查基层的强度，且含水率应小于8%，再用真空抛丸机处理基层，增强地面的附着力，使地面无粗颗粒、水泥疙瘩、粉尘。

第二步：涂刷界面剂

在找平层施工前需垂直涂刷界面剂两遍，以此增强找平层和基层的黏结性，防止空鼓。

第三步：做防水层

当找平层的厚度不小于 30mm 时，应采用细石混凝土找平，并加双向钢丝网，用来防止开裂，每 2 米的长度，其检查平整度偏差应不大于3mm。

第四步：做绝热层

第五步：铺设铝箔反射热层

先铺设铝箔反射热层，在搭设处用胶带粘住。铝箔纸的铺设要平整、无褶皱，不可有翘边等情况。

第六步：安装加热水管

加热水管要用管夹固定在保温板上，固定点间距不大于 500mm（按管长方向），大于 90°的弯曲管段的两端和中点均应固定。

第七步：水泥砂浆找平

为更好地将地暖层和水磨石层分开，水泥砂浆找平层要做最少 50mm 厚才能有效地防开裂。

第八步：浇筑磨石

将水泥与石粒进行拌和调配，应计量正确、拌和均匀，铺设水磨石拌和料，然后再均匀干撒已洗净的干石粒，用铁抹子将干石粒全部拍入浆内，再用滚筒滚压密实，用抹子抹压平整。

第九步：涂装密封胶

用洗地机清洗地面并晾干后，用密封剂涂刷两遍，以封闭表面毛细孔，使石粒达到密实且表面达到光滑、平整、清晰的效果。

第十步：养护

铺完面层后严禁行走，一天后洒水养护，常温下养护 5~7 天，低温及冬期施工应养护 10 天以上。

第十一步：磨光

开磨前要先进行试磨，确保石粒不松动，然后才能开始磨，大面积的范围应用机械磨石研磨，而小面积、墙角处等应用小型手提式磨机或者手工进行研磨。

地暖水磨石地面实景效果图

以前的水磨石因为颜色灰暗，常被用于走廊或工厂中，但近几年冷淡风的流行，让水磨石再次被重新使用起来，经常被用于商业空间当中，营造优雅、清新的氛围。

6.2
地暖环氧磨石地面

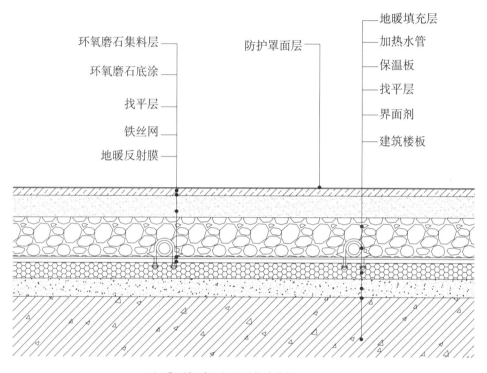

环氧磨石集料层 ——
环氧磨石底涂 ——
找平层 ——
铁丝网 ——
地暖反射膜 ——

防护罩面层 ——

—— 地暖填充层
—— 加热水管
—— 保温板
—— 找平层
—— 界面剂
—— 建筑楼板

地暖环氧磨石地面节点图

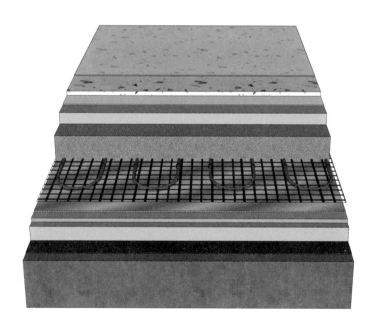

地暖环氧磨石地面三维示意图

扫 / 码 / 观 / 看
"地暖环氧磨石地面" 三
维节点动图

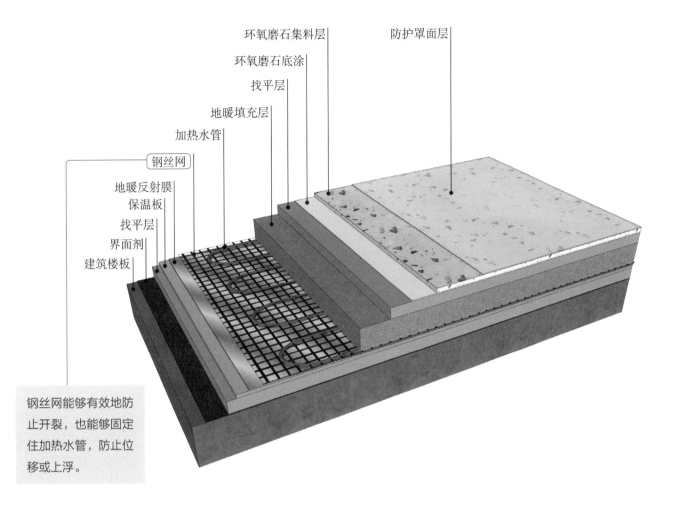

环氧磨石集料层

防护罩面层

环氧磨石底涂

找平层

地暖填充层

加热水管

钢丝网

地暖反射膜

保温板

找平层

界面剂

建筑楼板

钢丝网能够有效地防止开裂，也能够固定住加热水管，防止位移或上浮。

地暖环氧磨石地面三维示意图解析

/ 常见的地暖管布管方法 /

螺旋型布管法

产生的温度通常比较均匀，并可通过调整管间距来满足局部区域的特殊要求，此方式布管时管路只弯曲90°，材料所受弯曲应力较小

迂回型布管法

产生的温度通常一端高一端低，布管时管路需要弯曲180°，材料所受应力较大，适合在较狭小的空间内采用

混合型布管法

混合布管通常以螺旋型布管方式为主，迂回型布管方式为辅

工艺解析

第一步：清理基层

第二步：涂刷界面剂

第三步：做找平层

当找平层的厚度小于 30mm 时，采用水泥砂浆找平；若不小于 30mm 时，应采用细石混凝土找平，并加入钢丝网，增强找平层整体的抗拉能力。

第四步：铺设保温板

底层保温板缝处要用胶粘贴牢固，上面需铺设铝箔纸或粘一层带坐标分格线的复合镀铝聚酯膜，铺设要平整。边角保温板沿墙粘贴专用乳胶，要求粘贴平整，搭接严密。

第五步：铺设地暖反射膜

铺设反射膜时最好按照网格横平竖直的方式进行铺设，方便后期更好地铺设地暖管，也方便计算地暖管之间的间距。铺设时一定要完全舒展开其反射膜，不能出现弯曲的情况，且反射膜之间不能留有间隙，否则会导致热量流失，达不到室内温度的需求。

第六步：铺设钢丝网

在反射膜上铺设一层 ϕ 2mm 钢丝网，间距 100mm×100mm，规格 2m×1m，铺设要严整严密，钢网间用扎带捆扎，不平或翘曲的部位用钢钉固定在楼板上。

第七步：安装水暖管

第八步：压力测试

测试之前先检查加热管有无损伤、间距是否符合设计要求后，进行水压试验。试验压力为工作压力的 1.5~2 倍，但不小于 0.6MPa，稳压 1h 内压力降不大于 0.05MPa，且不渗不漏为合格。

第九步：地暖填充层

地暖填充层一般采用陶粒混凝土，但是推荐使用地暖宝等专用地暖填充材料进行填充，以提高填充层的抗开裂能力。

第十步：做找平层

找平层和填充层都采用跳仓施工，可以有效地避免找平层和填充层因初期温度变化收缩造成的裂缝。

第十一步：环氧磨石底涂

第十二步：环氧磨石集料层

在集料层施工时，采用玻璃纤维网进行加强，能够有效地防止后期开裂。

第十三步：做防护罩面层

地暖环氧磨石地面实景效果图

环氧磨石颜色鲜艳，而且还能够无缝拼接，能够做
出复杂的图案，根据颜色、图案的不同，能达成不
同的风格，常用于商场、超市、机场这类空间中。

6.3
地暖石材地面

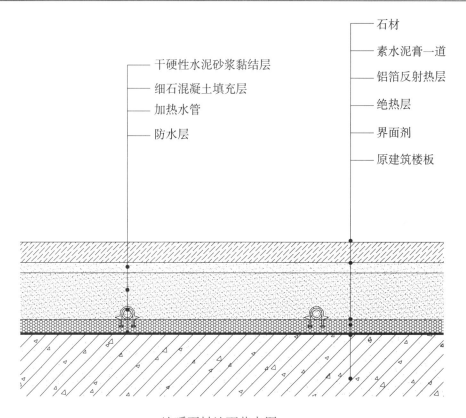

石材
素水泥膏一道
铝箔反射热层
绝热层
界面剂
原建筑楼板

干硬性水泥砂浆黏结层
细石混凝土填充层
加热水管
防水层

地暖石材地面节点图

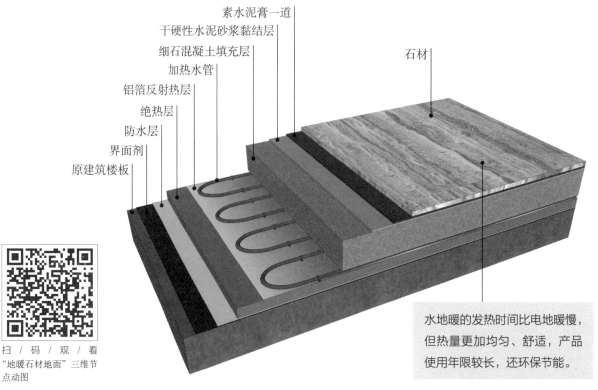

素水泥膏一道
干硬性水泥砂浆黏结层
细石混凝土填充层
加热水管
铝箔反射热层
绝热层
防水层
界面剂
原建筑楼板

石材

水地暖的发热时间比电地暖慢，但热量更加均匀、舒适，产品使用年限较长，还环保节能。

扫 / 码 / 观 / 看
"地暖石材地面"三维节点动图

地暖石材地面三维示意图解析

工艺解析

第一步：清理基层

清理基层上的浮浆、油污、涂料、凸起物等影响黏结强度的物质。

第二步：涂刷界面剂

在基层表面洒水湿润，再涂刷界面剂，增强找平层与基层的黏合力。

第三步：做防水层

防水层需涂刷 2~3 遍，否则应增设玻纤布，且每遍涂刷的固化物厚度不得低于 1mm，并应在其完全干燥后（5~8h），再进行下一施工。

第四步：做绝热层

第五步：铺设铝箔反射热层

第六步：安装加热水管

第七步：压力测试

第八步：做填充层

用细石混凝土做填充层，人工抹压密实，不得用机械振捣，不许踩压已铺设好的管道。

第九步：做黏结层

用 1∶3 的干硬性水泥砂浆做黏结层，让石材更好地与底面相结合。

第十步：试铺

在房间内两个相互垂直的方向铺两条干砂，其宽度大于板块宽度，厚度不小于 3cm，结合施工大样图及房间实际尺寸，把石材板块排好，以便检查板块之间的缝隙，核对板块与墙面、柱、洞口等部位的相对位置。

第十一步：抹素水泥膏

用 10mm 厚的素水泥膏做黏结，均匀地批涂在石材背面，可以将石材和找平层更好地黏结在一起。

第十二步：铺设石材

按照试铺所确认好的石材编号进行铺贴，铺贴时，必须要用橡皮锤轻轻敲击，手法是从中间到四边，再从四边到中间反复数次，使地砖与砂浆黏结紧密，并要随时调整平整度和缝隙。

地暖石材地面实景效果图

餐厅墙面面积较大，适合采用干挂法进行施工。地面则可以采取胶粘法施工

6.4
地暖地砖地面

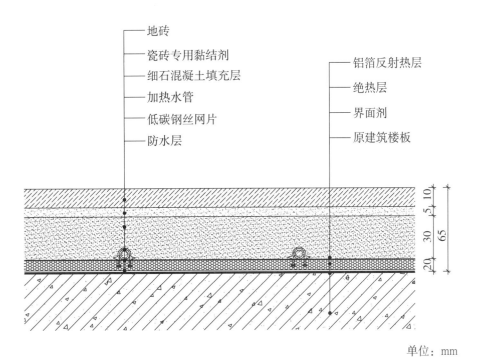

地砖
瓷砖专用黏结剂
细石混凝土填充层
加热水管
低碳钢丝网片
防水层

铝箔反射热层
绝热层
界面剂
原建筑楼板

单位：mm

地暖地砖地面节点图

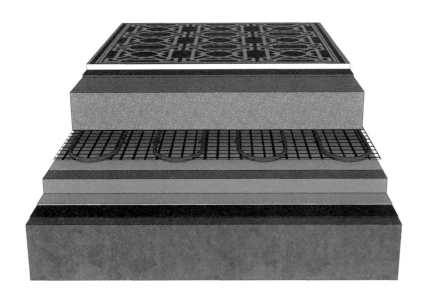

地暖地砖地面三维示意图

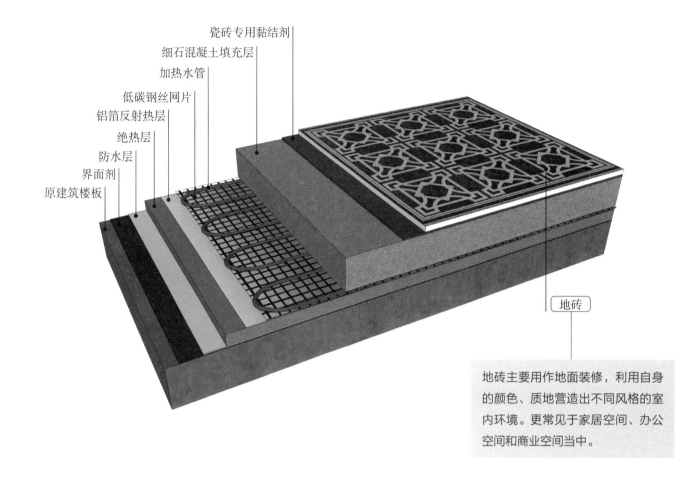

瓷砖专用黏结剂
细石混凝土填充层
加热水管
低碳钢丝网片
铝箔反射热层
绝热层
防水层
界面剂
原建筑楼板

地砖

地砖主要用作地面装修，利用自身的颜色、质地营造出不同风格的室内环境。更常见于家居空间、办公空间和商业空间当中。

地暖地砖地面三维示意图解析

/ 排布地暖管的要点 /

① 先读图纸，再排布

排布中小型空间的地暖时，应参照图纸中空间功能定位布置，如人流少的地方或其他非生活用空间（杂物间、设备间、固定家具下方、无腿家具下方）等都不需要布置地暖。

② 空间过大的情况

当铺设空间面积太大，每个回路的管长超过 120m，或者地暖大面积超过伸缩缝时，应分区域设置多个回路。

③ 管道需求

在排布时，每条回路的管道中间不能断裂或存有接头，必须是一整根管。

工艺解析

第一步
清理基层

第二步
浸砖

第三步
涂刷界面剂

铺贴地面瓷砖通常是在原楼板地面或垫高地面上施工。较光滑的地面要进行凿毛处理，基层表面残留的砂浆、尘土和油渍等要用钢丝刷刷洗干净，并用水冲洗地面。

地砖应浸水湿润，以保证铺贴后不会因吸走灰浆中的水分而粘贴不牢。将浸水后的地砖阴干备用，阴干的时间视气温和环境湿度而定，以地砖表面有潮湿感，但手按无水迹为准。

第六步
铺设铝箔反射热层

第五步
做绝热层

第四步
做防水层

第七步
铺设低碳钢丝网

第八步
安装加热水管

第九步
压力测试

第十二步
铺贴地砖

第十一步
做黏结层

第十步
做填充层

采用瓷砖专用黏结剂来铺贴地砖。

地暖地砖地面实景效果图

地砖有时会采用拼花的形式来丰富空间，做拼花时，
需要在正式铺贴前进行试铺，确认每块地砖的位置，
并对其进行编号，完成后再正式铺贴，防止返工，
避免造成人力和时间成本上的损失。

6.5
地暖木地板地面

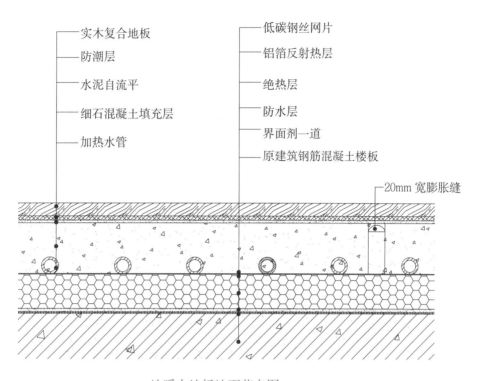

实木复合地板
防潮层
水泥自流平
细石混凝土填充层
加热水管

低碳钢丝网片
铝箔反射热层
绝热层
防水层
界面剂一道
原建筑钢筋混凝土楼板

20mm 宽膨胀缝

地暖木地板地面节点图

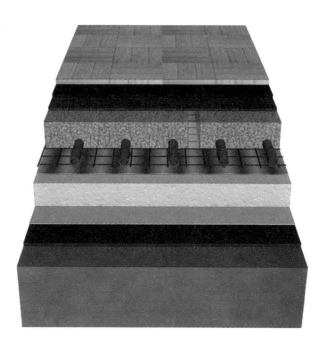

地暖木地板地面三维示意图

扫 / 码 / 观 / 看
"地暖木地板地面"三维
节点动图

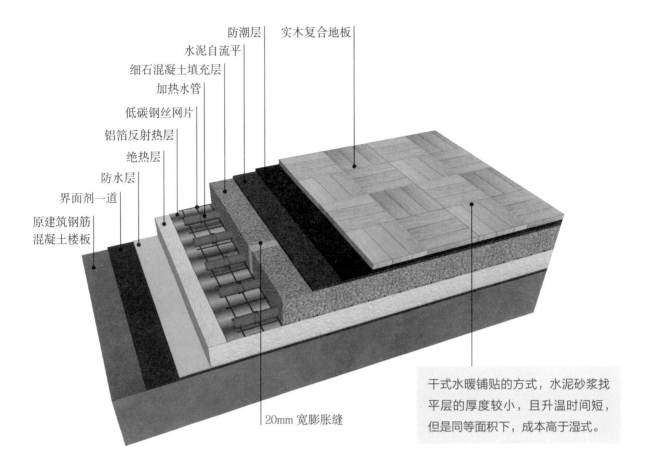

防潮层
实木复合地板
水泥自流平
细石混凝土填充层
加热水管
低碳钢丝网片
铝箔反射热层
绝热层
防水层
界面剂一道
原建筑钢筋
混凝土楼板

20mm 宽膨胀缝

干式水暖铺贴的方式，水泥砂浆找平层的厚度较小，且升温时间短，但是同等面积下，成本高于湿式。

地暖木地板地面三维示意图解析

/ 常见的木地板类型 /

实木地板	**实木复合地板**	**复合地板（强化地板）**	**竹地板**	**软木地板**
优点：隔音隔热、调节湿度、绿色环保、经久耐用	优点：易打理、易清理、质量稳定，不容易损坏，实惠，安装简单	优点：耐污、抗酸碱性好，免维护，防滑性能好，耐磨、抗菌，不会虫蛀、霉变，尺寸稳定性好，不会受温度、潮湿影响变形，重量轻	优点：牢固稳定，不开胶，不变形，具有超强的防虫蛀功能，阻燃、耐磨	优点：更具环保性，隔音性、防潮效果也会更好些，带给人极佳的脚感
缺点：难保养、价格高	缺点：耐磨性不如复合地板，结构复杂，内在质量不易鉴别	缺点：怕潮怕水，表面的木质效果没有天然实木好	缺点：收缩和膨胀小，若长期处于潮湿环境，容易发霉，影响使用寿命	缺点：耐磨、抗压性不够，容易积灰，清洁麻烦

工艺解析

第一步：基层处理

第二步：涂刷界面剂

第三步：做防水层

第四步：水泥砂浆做保护层

第五步：做绝热层

第六步：铺铝箔反射热层

第七步：铺设低碳钢丝网片

涉及防水层的房间如卫生间、厨房等固定钢丝网时不允许打钉，管材或钢网翘曲时应采取措施，防止管材露出混凝土表面。

第八步：固定加热水管

第九步：压力测试

第十步：浇筑填充层

使用钢筋细石混凝土做填充层，要用人工将混凝土抹压密实，不得用机械振捣，不许踩压已铺设好的管道。

第十一步：水泥自流平做找平

倒入自流平中的水泥，观察其流出约500mm宽范围后，由手持长杆齿形刮板、脚穿钉鞋的操作工人在自流平水泥表面轻缓地进行第一遍梳理，导出自流平水泥内部气泡并辅助流平。当自流平流出约1000mm宽范围后，由手持长杆针形辊筒、脚穿钉鞋的操作工人在自流平水泥表面轻缓地进行第二遍梳理和滚压，提高自流平水泥的密实度。施工完成后需要及时对成品进行养护，必须要封闭现场24h。在这段时间内需要避免行走或者冲击等情况出现，从而保证地面的质量不会受到影响。

第十二步：铺设防潮垫

第十三步：铺设木地板

木地板在铺设前需要在背面涂氟化钠防腐剂，再涂黏结剂。若是设计对燃烧性能有要求时，应按照消防部门的有关要求做相应的防火处理后，再安装在地面上。

地暖木地板地面实景效果图

节点中采用了悬浮式铺设法，一般复合地板
或实木复合地板更加适合采用该做法。也适
用于家居空间及中小型的工装空间。

6.6
地暖企口型复合地板地面

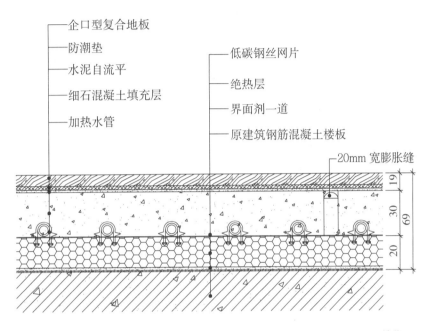

企口型复合地板
防潮垫
水泥自流平
细石混凝土填充层
加热水管

低碳钢丝网片
绝热层
界面剂一道
原建筑钢筋混凝土楼板

20mm 宽膨胀缝

19
30
69
20

单位：mm

地暖企口型复合地板地面节点图

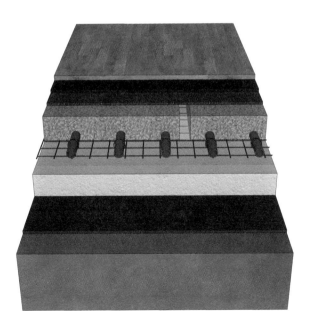

地暖企口型复合地板地面三维示意图

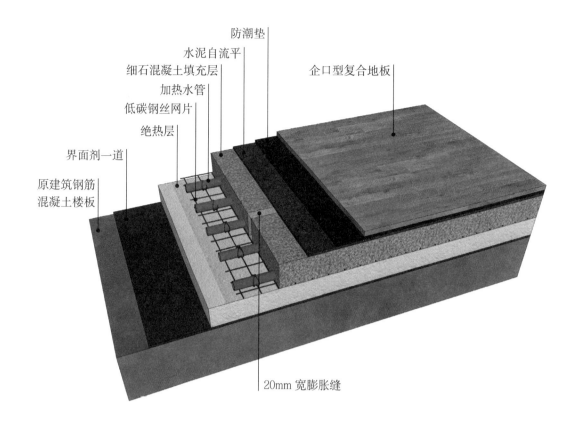

界面剂一道
原建筑钢筋
混凝土楼板
绝热层
低碳钢丝网片
加热水管
细石混凝土填充层
水泥自流平
防潮垫
企口型复合地板

20mm 宽膨胀缝

地暖企口型复合地板地面三维示意图解析

工艺解析

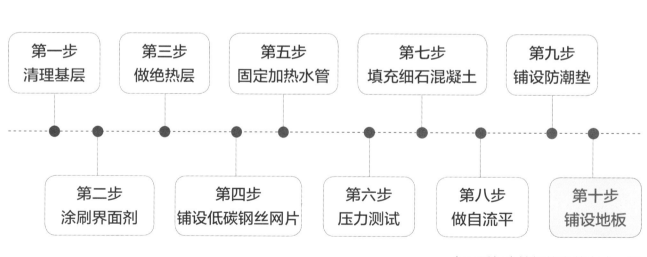

| 第一步 清理基层 | 第三步 做绝热层 | 第五步 固定加热水管 | 第七步 填充细石混凝土 | 第九步 铺设防潮垫 |

| 第二步 涂刷界面剂 | 第四步 铺设低碳钢丝网片 | 第六步 压力测试 | 第八步 做自流平 | 第十步 铺设地板 |

企口型复合地板的安装方式一般
分为敲打式锁扣和斜插式锁扣，斜插
式锁扣安装方便，但地面稍有不平，
锁扣容易脱开，槽口下部容易断裂。

地暖企口型复合地板地面实景效果图

一般家用的复合地板都是企口型的，浅木色地板和家具木色相呼应，是典型的日式装饰风格。

6.7
地暖 PVC 地板地面

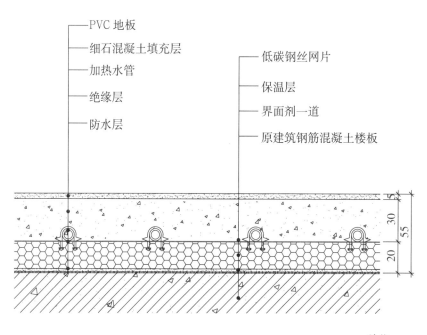

PVC 地板
细石混凝土填充层
加热水管
绝缘层
防水层

低碳钢丝网片
保温层
界面剂一道
原建筑钢筋混凝土楼板

单位：mm

地暖 PVC 地板地面节点图

扫 / 码 / 观 / 看
"地暖 PVC 地板地面"三
维节点动图

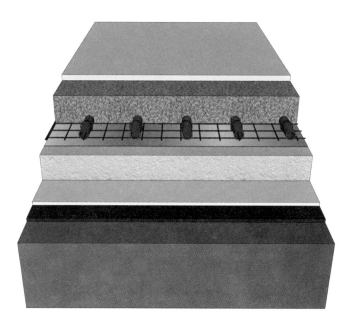

地暖 PVC 地板地面三维示意图

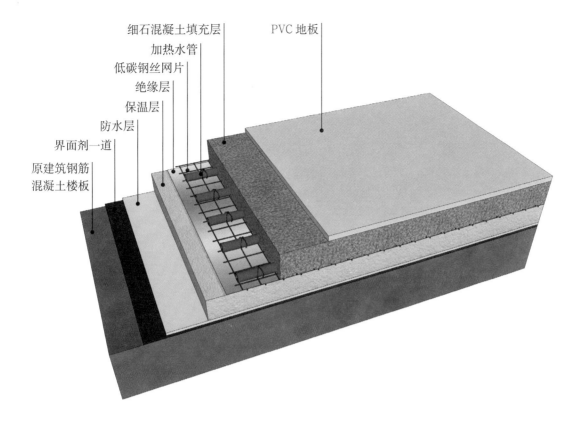

细石混凝土填充层
加热水管
低碳钢丝网片
绝缘层
保温层
防水层
界面剂一道
原建筑钢筋
混凝土楼板

PVC 地板

地暖 PVC 地板地面三维示意图解析

工艺解析

PVC 地板一般都采用专用胶进行粘贴。铺设时，两块材料的搭接处应采用重叠切割，一般是要求重叠 30mm，注意保持一刀割断。铺贴时，将卷材的一端卷折起来，然后刮胶于地面上。

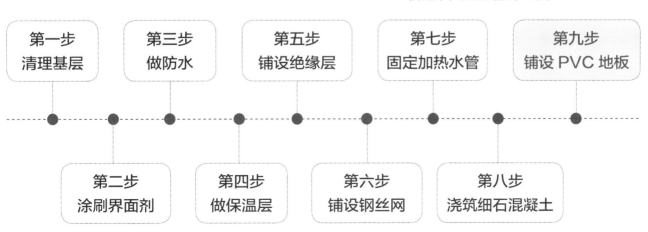

| 第一步
清理基层 | 第三步
做防水 | 第五步
铺设绝缘层 | 第七步
固定加热水管 | 第九步
铺设 PVC 地板 |

| 第二步
涂刷界面剂 | 第四步
做保温层 | 第六步
铺设钢丝网 | 第八步
浇筑细石混凝土 |

地暖 PVC 地板地面实景效果图

PVC 地板可以做出木地板的纹路，因此常被用于家居空间、商业空间中，而且其优良的性能，使其非常适用于人流较多的场所。

6.8
地暖地毯地面

地毯
地毯专用胶垫
水泥自流平
钢筋细石混凝土填充层（通常50mm~60mm）
加热水管（通常16PEX聚乙烯管）
低碳钢丝网片
铝箔反射热层
绝热层（40mm~50mm挤塑成型聚苯乙烯保温板）
防水层（一般1.5mm）
界面剂一道
原建筑钢筋混凝土楼板

20mm宽@6000mm膨胀缝

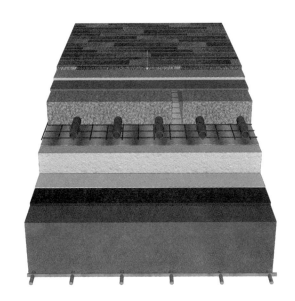

地暖地毯地面节点图

扫 / 码 / 观 / 看
"地暖地毯地面"三维节
点动图

地暖地毯地面三维示意图

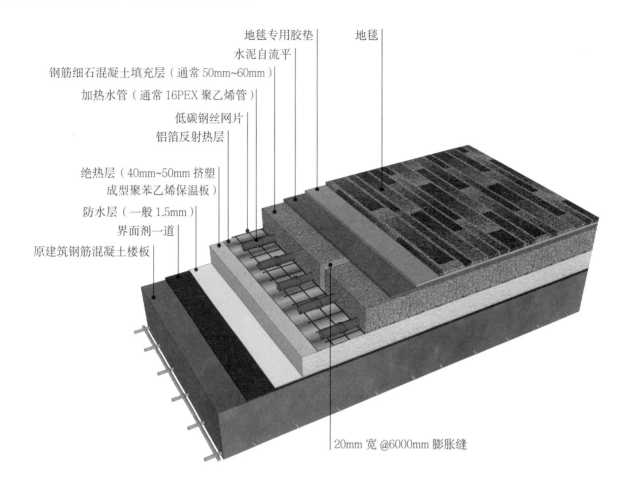

地毯专用胶垫   地毯

水泥自流平

钢筋细石混凝土填充层（通常 50mm~60mm）

加热水管（通常 16PEX 聚乙烯管）

低碳钢丝网片

铝箔反射热层

绝热层（40mm~50mm 挤塑
成型聚苯乙烯保温板）

防水层（一般 1.5mm）

界面剂一道

原建筑钢筋混凝土楼板

20mm 宽 @6000mm 膨胀缝

地暖地毯地面三维示意图解析

/ 地毯的选购要点 /

① 材质辨别

简单的鉴别方法一般采取燃烧法和手感、观察相结合的方法，棉的燃烧速度快，灰末细而软，其气味似燃烧纸张，纤维细而无弹性，无光泽；羊毛燃烧速度慢，有烟有泡，灰多且呈脆块状，其气味似燃烧头发；化纤及混纺地毯燃烧后熔融成胶体并可拉成丝状。

② 绒头密度

观察地毯的绒头密度，产品的绒头质量高，地毯弹性好、耐踩踏、耐磨损、舒适耐用。

③ 色牢度

选择地毯时，可用手或布在毯面上反复摩擦数次，看手或布上是否沾有颜色，如果沾有颜色，则说明该产品的色牢度不佳，易出现变色和掉色。

④ 外观质量

查看地毯的毯面是否平整，毯边是否平直，有无瑕疵、油污斑点、色差，避免地毯在铺设使用中出现起鼓、不平等现象，失去舒适、美观的效果。

工艺解析

第一步：清理基层

将基层表面清理平整，保证无凹坑、麻面、裂缝，并清洁干净，高低不平处应预先用水泥砂浆填嵌平整。

第二步：涂刷界面剂

涂刷界面剂，以增强基层与防水层之间的连接性。

第三步：防水施工

第四步：做保护层

平铺 10mm 厚的水泥砂浆做防水保护层。

第五步：做绝热层

第六步：铺设铝箔反射热层

铺设铝箔反射热层时注意，铝箔要平整，无褶皱、翘边等情况。

第七步：铺设钢丝网

在铝箔上铺一层钢丝网，铺设要严整严密，不平或翘边的位置用钢钉固定在楼板上。

第八步：固定加热水管

第九步：压力测试

第十步：填充混凝土

第十一步：做自流平

第十二步：铺设专用胶垫

第十三步：固定木倒刺条

沿房间四周靠墙角 1cm~2cm 处，将木倒刺条用钉条或螺丝固定于基层上。在门口处可以用铝合金卡条或锑条固定，卡条或锑条内均有倒刺，可扣牢地毯，可以防止地毯被踢起和边缘受损，并达到美观的效果。

第十四步：铺设地毯

先缝合地毯，将裁好的地毯虚铺在衬垫上，然后将地毯卷起，在地毯的拼缝处用烫带或狭条麻条带进行黏结，用塑料胶纸贴于缝合处，保护接缝处不被划破或勾起。铺粘地毯时，用地毯撑子向两边撑拉，挂在倒刺条上，再沿墙边刷两条胶粘剂，将地毯压平掩边。

地暖地毯地面实景效果图

地毯相比其他地面材料，保温效果
更好，脚感也更加舒适。